LES

PLANTES HERBACÉES

D'EUROPE

ET LEURS INSECTES

POUR FAIRE SUITE AUX

ARBRES ET ARBRISSEAUX D'EUROPE ET LEURS INSECTES

Par J. MACQUART

Chevalier de la Légion-d'Honneur et Membre de plusieurs Sociétés savantes.

TOME PREMIER

Extrait des Mémoires de la Société Impériale des Sciences, de l'Agriculture et des Arts, de Lille.

LILLE,
IMPRIMERIE DE L. DANEL
1854

LES

PLANTES HERBACÉES

D'EUROPE

ET LEURS INSECTES.

LES

PLANTES HERBACÉES

D'EUROPE

ET LEURS INSECTES,

POUR FAIRE SUITE AUX

ARBRES ET ARBRISSEAUX D'EUROPE ET LEURS INSECTES

PAR J. MACQUART,

Chevalier de la Légion d'Honneur et Membre de plusieurs Sociétés savantes

TOME PREMIER.

Extrait des Mémoires de la Société Impériale de Lille.

LILLE,
IMPRIMERIE DE L. DANEL.
1854.

SUPPLÉMENT

AUX ARBRES ET ARBRISSEAUX

ET LEURS INSECTES,

Par M. MACQUART, Membre résidant.

PALMIER CHAMŒROPS.

COLÉOPTERES.

Doritomus chamœropis. Fab. — Ce Curculionite vit sur le Chamœrops en Algérie et probablement aussi en Provence.

FRAGON.

Orchestes rusci. Herbst. (Salicis. schr.) V. Houx.

LIERRE.

COLÉOPTERES.

Tropideres undulatus. Panz. — Ce Curculionite est né chez M. Perris de morceaux de Lierre mort.

Otiorhynchus scabrosus. Marsh. — M. Perris a trouvé ce Curculionite en secouant des Lierres.

Ebreus albifrons. Fab. — Ibid.

Xylophilus aculeatus. Gyll. — Ibid.

— nigripennis. Villa. — Ibid.

Dendroctonus hederæ. Ericks. — Ce Xylophage vit sur le Lierre.

Parmena fasciata. Villiers. — Ce Longicorne se trouve sur le Lierre.

BERBERIS.

DIPTERES.

Lasioptera berberina. Schr. — Cette Tipulaire vit sur le Berberis.

Tephritis meigenii. Loew. — Cette Muscide se developpe dans les fruits du Berberis. On n'y trouve jamais qu'une seule larve.

CLEMATITE.

COLÉOPTÈRES.

Thea (Muls) 22. guttata Linn. — Sur la C. vitalba. M.

GROSEILLER.

COLÉOPTERES.

Hammaticherus cerdo. Fab. — V. Orme. La larve ronge le pied des Groseillers. Muls.

Coccinella hieroglyphica. Linn. (Ribis. Scriba.) — V. Pin maritime.

HÉMIPTERES.

Thrips grossulariæ. Hal. — V. Vigne.

CISTE

COLÉOPTÈRES.

Bruchus biguttatus. Ol. — V. Palmier. Sur le C. crispus.

Apion tubiferum. Gyll. — V. Tamarisc. Sur les C. crispus et monspeliensis.

Spermophagus cardui. Stev. (Cisti. Oliv.) — Ce Curculionite vit sur les Cistes.

Geonemus flabellipes. Ol. — Ce Curculionite vit sur le C. monspeliensis.

Albana (Muls) grisea. Foudras. — Ce Longicorne se trouve sur les Cistes.

Hispa testacea. Lin. — Cette Chrysomeline se trouve sur le C. salvifolia.

DIPTÈRES.

Usia lata. Loew. — Cette Muscide vit sur les Cistes.

TAMARISC.

COLÉOPTÈRES.

Junius bimaculatus. Erichs. — Ce Brachélytre se trouve au pied des Tamarisc.

Berginus tamarisci. Dej. — Ibid.

Throscus pusillus. Heer. — V. Aûne. Au pied des Tamarisc. Jacquelin Duv.

Xylitinus subrotundatus. Heer. —V. Lierre. Sur les Tamarisc. La Reynie.

Trotomma pubescens. Kew. — Ibid.

Hypera tamarisci. Fab. — Ce Curculionite vit sur le Tamarisc.

Coniatus chrysochlorus. Lucas. — V. Tamarisc. Ibid.

Pachnephorus cylindricus. Kart. — Ce Curculionite vit au pied des Tamarisc.

Stylosomus tamarisci. Jenis. — Cette Chrysomeline se trouve sur les Tamarisc. Suffr.

Coccinella undecim punctata. Lim. — V. Pin maritime.

Harmonia doublieri. Muls. — Ce Securipalpe se trouve sur les Tamarisc.

HÉMIPTÈRES.

Phytocoris erpaphytes. Am. — Cette Cimicide vit sur les Tamarisc.

Typhlociba stactogala. Am. — Cet Homoptère vit sur les Tamarisc. Perris.

LÉPIDOPTERES.

Adela (Cauchas, zell.) cyanella. Mann. — V. Saule. Elle vole sur les buissons de Tamarisc.

TILLEUL.

COLÉOPTERES.

Cryphalus tiliæ. Fab. · Ce Xylophage vit dans le Tilleul

Stenostola tiliæ. Kuster. — V. Saule.

Clytus arvicola. Oliv. — V. Erable sycomore. La larve vit dans le Tilleul. Muls.

Saperda tremulæ. Gyll. — V. Erable plane. Ibid.

Aegosoma scabricornis. Scop. — V. Hêtre. La larve vit dans les troncs caverneux des Tilleuls. Muls.

Exocentrus balteatus. Fab. — V. Saule. La larve vit dans le Tilleul.

Rhamnusium salicis. Fab. — V. Saule. Sa larve vit aussi dans le Tilleul.

Xanthocroa gracilis. Von Heyd. (Tiliæ. spitz in litt.) — Cet Hétéromère vit sur le Tilleul.

LÉPIDOPTÈRES.

Euplocamus mediellus. Tr. — La Chenille de cette Tinéide vit dans le détritus du Tilleul et s'y creuse de profondes galeries qu'elle tapisse de soie et qu'elle ferme avec la même matière avant de passer à l'état de chrysalide. Dup.

VIGNE.

COLÉOPTÈRES.

Callidium unifasciatum Rossi. — V. Aubépine. La larve vit dans les sarments de la Vigne. Muls.

ERABLE.

COLÉOPTÈRES.

Stenus impressus. Tischer. (Aceris. Lacord.) — Ce Brachélytre vit sur l'Erable.

LÉPIDOPTÈRES.

Adela (Cauchas Zell.) cyanella. Mann. — V. Saule. Elle vole sur les buissons d'Erable.

DIPTÈRES.

Campylomyza aceris. Meig. - Cette Tipulaire vit sur l'Erable.

SYCOMORE.

COLÉOPTÈRES.

Aegosoma scabricornis. Scop. —·V. Hêtre. Sa larve vit dans les troncs caverneux des Sycomores. Muls.

Saperda scularis. Linn. — V. Erable plane. Sa larve vit dans le Syc.

MARRONIER.

COLÉOPTÈRES.

Ægusoma scabricornis. Scop.— V. Hêtre. Sa larve vit dans les Marroniers. Muls.

LÉPIDOPTÈRES.

Tinea caprimulgella. Von Heyd. — V. Clematite. La Chenille vit dans les souches du Marronier

ALTHÆA.

COLÉOPTÈRES.

Grammoptera ruficornis. Fab. - V. Lierre. M. Perris en a trouvé la larve dans les tiges mortes de l'Hybiscus syriacus (Althæa). Elle en ronge l'écorce, en respectant soigneusement l'épiderme ; elle trace ainsi des galeries couvertes, larges, irrégulières. Avant de passer à l'état de nymphe, elle creuse dans le bois une cellule profonde, dans laquelle elle s'enferme en bouchant l'ouverture.

FUSAIN.

LÉPIDOPTÈRES.

Phycis angustella. Zell. — V. Groseiller. La Chenille vit dans la graine du Fusain.

NERPRUN.

Clytus Rhamni. Germ. — V. Erable Sycomore.
Galeruca viburni. Payk. — V. Viorne.

PISTACHIER.

COLEOPTERES.

Hesperophanes sericeus. Fab. — La larve de ce Longicorne vit dans le Lentisque. Mulsant.

Cryplocephalus pistaciæ. Suff. — V. Cornouiller. Sur le Térébinthe.

LENTISQUE.

Titurœa (Macrolœnes Dej.) lentisci. Fab. — Cette Chrysomeline vit sur le Lentisque.

NOYER.

COLÉOPTERES.

Balaninus elephas. And. — V. Noyer.
——— glandium. Marsch — V. Ibid.
——— turbatus. Gyll. — V. Ibid.

Mesosa curculionides. Linn. — V. Chêne. La larve vit dans le Noyer. Muls.

Parmena fasciata. Villers. — Ibid. Muls.

ROSIER.

COLEOPTÉRES.

Anthobium angustum. Kies. — V. Saule. Il se trouve dans les fleurs du Rosier des Pyrénées. Kies.

Otiorhynchus ovatus. Linn. (Rosœ, Deg.) — V. Nerprun.

Orchestes Jota. Fab. (Rosœ, Herbst.) — V. Houx.

Aromia rosarum. Dahl. — V. Saule.

HÉMIPTERES.

Physapus cynorrhodi. Hal. — V. Vigne. Il vit dans les fleurs de l'Eglantier.

RONCE.

COLÉOPTÈRES.

Agrilus olivaceus. Oliv. — V. Vigne. Sur la Ronce.

Corœbus rubi. Linn. — Ce Sternoxe vit sur la Ronce.

Polydrusus rubi. Gyll. — V. Pommier.

Strangalia cruciata. Dej. — V. Aûne. Il vit sur les Ronces en fleurs. De Laporte.

Cryptocephalus informis. Suff. — V. Cornouiller. Sur les Ronces.

DIPTERES.

Cecidomyia socialis. Loew. — V. Groseiller. La larve vit dans les galles ligneuses sur les tiges des Ronces.

Cecidomyia plicatrix. Loew.—Ibid. Dans les feuilles déformées de la Ronce cæsius.

Lasioptera rubi. Heeger.— La larve de cette Tipulaire vit dans les galles des Ronces avec la Cec. socialis.

AUBEPINE.

COLÉOPTERES.

Omalium rivulare. Payk. (Oxyacanthæ var. Lacord. — V. Hêtre.

——— oxyacanthæ. Grav. — V. Hêtre.

Anaspis nigra. Meg. — V. Vigne. On le trouve en secouant les Aubépines. Perris.

Bruchus variegatus. Germ. — V. Palmier. Sur l'Aubépine

Ramphus æneus. Dej.—M. De Laporte a trouvé ce Curculionite en secouant une haie d'Aubépine.

Anthonomus pomorum. Deg. var. (Cratœgi. Chevr.) — V. Sorbier.

Otiorhynchus cratœgi. Sch. — V. Nerprun Bourgène.

Hammaticherus cerdo. Fab. — V. Orme. Sur l'Aubépine.

Orsodacna humeralis. Lat. (Oxyacanthæ. Scholtz.—V. Neflier.

LÉPIDOPTÈRES.

Adela. (Eutyphia. Hubn.) Zell. — V. Saule. Elle vole sur les fleurs de l'Aubépine, en Provence. Dup.

DIPTÈRES.

Cecidomyia cratægi. Loew. — V. Groseiller. La larve vit dans les branches des Cratægus oxyacantha et coccinea. W.

Cecidomyia circumdata. Loew. — Même observation.

Bibio rufitarsis. Meig. — V. Pommier. Il se trouve sur les fleurs de l'Aubépine. M.

SORBIER.

Anthobium sorbi. Gyll. — V. Saule.

POIRIER.

COLÉOPTERES.

Phytæcia nigricornis. Fab. — V. Vigne. La larve vit dans les rameaux du Poirier. Muls.

Polyosia præusta Linn. — La larve de ce Longicorne vit dans le Poirier. Muls.

HYMÉNOPTÈRES.

Tenthredo adumbrata. Klug. — V. Groseiller. Vers le déclin de l'été, on voit la fausse chenille, en Lithuanie, sur les branches des Poiriers, des Pruniers et des Cerisiers; elle est gélatineuse. Après avoir dévoré les feuilles, elle y laisse des taches qui proviennent des mailles des vaisseaux mis à nu. Cette larve est insensible à toutes les impressions extérieures; elle ne change jamais de position et ses mouvements sont si lents qu'on ne peut les comparer qu'à ceux du Limaçon, et comme lui, elle cache sa tête et ses pattes pectorales sous la partie antérieure du corps, qui est bombée et élargie.

POMMIER.

COLÉOPTERES.

Anthonomus ulmi. Dej. (Pomonæ. Germ.) — V. Noyer.

Phyllobius mali. Gyll. — V. Poirier.

Micraspis 12 punctata. Linn. — Ce Sécuripalpe se trouve sur les Pommiers. Muls.

DIPTERES.

Bibio pomonæ. Meig. — Cette Tipulaire vit sur les Pommiers.

PRUNIER.

COLEOPTERES.

Corœbus undatus. Fab. (Pruni. Panz.) — Il vit sur le Prunier.

Phytæcia nigrricornis. Fab. — V. Vigne. La larve vit dans les rameaux.

Ceutorhynchus pruni. Steph — V. Bruyère.

PRUNELIER.

DIPTÈRES.

Cecidomyia peregrina. Loew. — V. Groseiller. La larve vit dans de petites galles sur les feuilles du P. spinosus.

CERISIER.

COLÉOPTÈRES

Athous rhombeus. Oliv. — V. Chêne. On le trouve dans le bois décomposé du Cerisier. Curtis.

Mecinus pyrastri. Herbst. (Cerasi. Payk.) — V. Poirier.

Saperda scalaris. Linn. — V. Erable plane. Il vit sur les Cerisiers.

Orsodacna nigriceps. Lat. (Cerasi. Var. Dej.) — V. Néflier.

DIPTÈRES.

Cecidomyia cerasi. Loew. — V. Groseiller. La larve vit dans le sommet des tiges desséchées.

CERISIER A GRAPPES

COLEOPTERES.

Elodes Padi. Linn. — V. Pin Silvestre.

SPIROEA.

COLÉOPTÈRES.

Cercus pedicularis. Linn. (Spirea. Steph.)— Il vit sur les Spirea

AJONC.

COLÉOPTÈRES.

Olibrus (Erichs) millefolii. Payk. (Ulicis. Gyll.) — Il vit sur l'Ajonc.

Anthocomus ulicis. Erichs. — Cette Malachide vit sur l'Ajonc.

Luperus suturalis. Boit. — V. Bouleau. Il vit sur l'Ajonc.

Stilbia philopatis. — M. Dardouin l'a prise sur un U. provincialis.

HEMIPTÈRES.

Thrips (Sericothrips. hal.) staphilinus. hal. —V. Vigne. Commun sur l'Ajonc.

——— Odontothrips. Hal. — Ibid.

——— livida. Hal. — Ibid.

SPARTIER.

COLÉOPTÈRES.

Lœmophlœus ater, Oliv. (Spartii. Curtis.) — V. Clématite.

Mylabris spartii. Germ. — V. Genêt.

Apion spartii. Kirby. — V. Tamarisc.

Sitona spartii. Kirby. — V. Houx.

Sitona sulcifrons. Thunb. — V. Houx. Il vit sur le S. à balais. Perris.

Hylastes spartii. Nordl. — V. Pin maritime.

Deilus fugax. Feb. — La larve de ce Longicorne paraît vivre dans le S. à balais. Muls.

Gonioctena spartii. Oliv. — V. Saule.

Calomicus circumfusus. Marsh. (Spartii. Ent. Hefl.) — Cette Chrysomélme vit sur le Spartier.

Chrysomela litura. Lat. — V. Saule. Sur le S. à balais.

HÉMIPTÈRES.

Coreus dentator. Fab. — Cette Cimicide vit sur le S. à balais Gorski.

LÉPIDOPTERES.

Heterogynis erotica. — V. Genêt ci-après.

GENÈT.

COLÉOPTERES.

Cneorhinus tubericollis. Fairm. — V. Coudrier. Il vit sur le Genêt fleuri.

Cryptocephalus flavoguttatus. Ol. — V. Cornouiller. Il vit sur le G. sagittalis. Muls.

Chrysomela litura. Lat. — V. Saule. Sur les Genêts.

HEMIPTÈRES.

Coreus dentator. Fab. — V. Spartier. Il vit sur les Genêts.

Pseudophlæus falleni. Schilling. — Cette Cimicide vit sur le G. tinctoria. Gorski.

LÉPIDOPTERES.

Heterogynis erotica. — La chenille de cette Liparide est courte, onisciforme. Elle vit sur le G. purgans et sagittalis, et se renferme dans une coque à réseau qu'elle attache aux branches.

DIPTÈRES.

Cecidomyia genistæ. Loew. — V. Groseiller. La larve vit dans des galles sur les tiges du G. germanique.

CYTISE.

LÉPIDOPTÈRES.

Nemotois pantherellus. Guen. — V. Prunelier. Il vole sur les buissons du C. spinosus. Zeller.

ROBINIER.

Thylacites glabratus. Sch. (Robiniæ. herbst.) — Ce Curculionite vit sur le Robinier.

AIRELLE.

LÉPIDOPTÈRES.

Adela (Eutyphia. Hubn.) degeerella. Zeller. — V. Saule. La chenille vit sur l'A. myrtille.

BRUYÈRE.

COLÉOPTÈRES.

Cleonis ericæ. Sch. — V. Bruyère.
Ceutorhynchus ferrugatus. Fab. — V. Bruyère. Il vit sur la B. scoparia.
Nanophyes siculus. Fab. — V. Tamarisc. Il vit sur les B. cinerea et tetralix. Perr.
Ulopa obtecta. Fab. — Ibid.
Crepidodera lineata. Fab. — V. Saule. Sur la B. scoparia. Perr.
Stylosomus ericeti. Suff. — V. Tamarisc. Il vit sur les B. arborea. S.

HÉMIPTÈRES.

Phytocoris siphonistes. Am. — Poirier. Il vit sur la B. scoparia. Perr.
Psylla pipullia. Am. — V. Buis. Sur la B. scoparia. Perr
Thrips ericæ. Hal. — V. Vigne. Sur les Bruyères.

LÉPIDOPTÈRES.

Adela (Eutychia. H.) paludicolella. Zell. — V. Saule. Elle vole sur une Bruyère, à Pise. Zell.

DIPTÈRES.

Cecidomyia ericæ. L. D. — V. Groseiller. La larve vit à l'extrémité des tiges de la B. scoparia, qui, en se développant, présentent la forme d'un gros bouton. Winnerz.

CALLUNA (Bruyère commune).

COLÉOPTÈRES.

Pachybrachys fimbriolatus. Mull. — V. Saule. Sur le C. vulgaire. Suff.

LÉPIDOPTÈRES.

Lycæna ægon. Bork. — V. Baguenaudier. Sur la C. vulg. Hering.

Emydia cribrum. Linn. — La chenille de cette Lithoside est garnie de tubercules surmontés d'aigrettes de poils courts. Elle vit sur la C. vulg. et se renferme dans un tissu lâche, entouré de mousse. Her.

Chelonia purpurea. Linn. — V. Cerisier. La chenille vit sur la C. vulg. Her.

Psyche atra. Her. — V. Lotus. La chenille vit sur la C. vulg. Her.

——— stettinensis. Her. — Elle se trouve sur la C. vulg. Her.

Atychia pruni Her. — V. Groseiller. Elle se trouve sur la C. vulg. Her.

Acronycta rumicis. Linn. — V. Tilleul. Il se trouve aussi sur la C. vulg. Her.

——— auricoma. Feb. — Ibid. Her.

Hadena pisi. Linn. — V. Spartier. Ibid. Her.

Chersotis porphyrea. Hübn. — V. Bruyère. Ibid. Her.

Crambus erycellus. Tr. — V. Tamarisc. Ibid. Her.

Palpula ericella. Dup. — Cette Tinéide a les deux premiers articles réunis, deux fois aussi longs que la tête. Elle vole sur la C. vulg. La chenille est inconnue.

Oecophora ericinella. F. V. R. — V. Olivier. Il vit sur la C. vulg.

VIORNE.

Omalium floralis. Payk. (Viburni. Grav.) — V. Hêtre.

LAURIER ROSE.

LÉPIDOPTÈRES.

Tortrix hermineana. Dup. — V. Lierre. Sur le L. rose. M. Margueral.

SUREAU.

COLÉOPTÈRES.

Cercus sambuci. Erichs. (Solani. heer.) — Il vit sur le Sureau
Catheretes sambuci. Maeckel. — Ce Clavicorne vit sur le Sureau.
Clytus massiliensis. Fab. — V. Erable sycomore. Sur le petit Sureau. De la Porte.
Parmena fasciata. Vill. — Ce Longicorne vit sur le Sureau. Muls.

CHEVREFEUILLE.

LÉPIDOPTÈRES.

Orneodes polydactylus. Tr. — V. Xylosteum. Il vit sur le Chèvrefeuille.

XYLOSTEUM.

Orchestes loniceræ. Fab. (Xylostei. clairv.) — Houx.

OLIVIER.

Mylabris oleæ. Chevr. Alger. — V. Genêt.
Helops oleæ. Chevr. — V. Pommier.

FRÊNE.

COLÉOPTÈRES.

Tychius fraxini. Dahl. — V. Spartier

Toxotus meridianus. Gyll. — Ce Longicorne vit dans le Frêne excelsior.

Toxotus sericeus. Lat. — Ibid.

DIPTÈRES.

Cecidomyia betularia. Loew. — V. Groseiller. La larve vit dans des galles allongées, sur les nervures intermédiaires des feuilles du Frêne excelsior. L

Cecidomyia invocata. Loew. Sur les feuilles du Frêne excelsior.

Cecidomyia acrophila. Loew. — Ibid.
— pavida. Loew. — Ibid.

SAULE BLANC.

COLÉOPTÈRES.

Agrypnus atomarius. Fab. — V. Chêne. Il se trouve dans le bois du Saule. Jacquelin. Duv.

Mycetophaga salicis. Chevr. — V. Peuplier.

Ampedus crocatus. Geoff. — Ibid.

Rhyncolus strangulatus. Chevr.—V. Pin maritime. Dans le bois mort des vieux Saules.

Tachylerges salicis. Linn. — Ce Curculionite vit sur le Saule.
——————— decoratus. Schupp. — Ibid.
——————— saliceti. Fab. — Ibid.

Chlorophanus salicicola. Germ. — V. Saule.

Bagous cnemerythrus. Marsh. — On trouve ce Curculionite en secouant les Saules.

Purpuricenus Kœhleri. Fab. — La larve de ce Longicorne vit dans les Saules.

OEgosoma scabricornis. Lat. — V. Hêtre. La larve vit dans le tronc des Saules. Delaporte.

Lamia textor. Linn. — V. Mimosa. La larve vit dans le Saule. Muls.

Oberea oculata. Linn. — V. Chèvrefeuille. Ibid.

Rhopalus clavipes. Fab. — La larve de ce Longicorne vit dans les Saules.

Mesosa nobilis. Oliv. — V. Chêne. Sa larve vit dans le Saule. Muls.

Lina collaris. Linn. (Salicis. Fab) — V. Saule.

Gynandrophthalma cyanea. Fab. (Salicina. Scop.) — Cette Chrysomèline vit sur le Saule.

Phœdon salicinum. Heer. — V. Bouleau.

Cryptocephalus bistripunctata. Charp. (Salicis. Oliv.) — V Cornouiller.

Chilocorus renipustulatus. Scriba. — Ce Securipalpe vit dans les Saules. Muls.

LÉPIDOPTÈRES.

Tinea fuliginosella. Lienig. — V. Clématite. Elle vit sur les Saules.

DIPTERES.

Ceratopogon leucopeza. Meig. — V. Chèvrefeuille. Il vit sur les chatons des Saules

Ceratopogon nivei pennis. Meig. — Ibid.

——————— stigma. Meig. — Ibid.

——————— pulicaria. Meig. — Ibid.

——————— obsoletus. Meig. — Ibid.

Cecidomyia libialis. Loew. — V. Groseiller. La larve vit sur le Saule blanc.

Cecidomyia talicina. Loew. — Ibid. Il vit en société avec le précédent.

Cecidomyia boucheana. Loew. — Ibid. La larve vit dans le terreau de Saule.

Cecidomyia rosaria. Loew. — Ibid. La larve vit dans les rosettes du Saule blanc.

Cecidomyia iteophila. Loew. — Ibid.

——————— albipennis. Loew. — Ibid.

SAULE VIMINAL.

Orchestes carnifex. Germ. (Viminalis. Schr.) — V. Houx.

SAULE A FEUILLES D'AMANDIER.

DIPTÈRES.

Cecidomyia limbata, Loev. — V. Groseiller. La larve vit dans les rosettes du Saule à feuilles d'amandier.

Cecidomyia heterobia. Loew. — Ibid. Il vit en société avec le précédent.

SAULE POURPRE.

DIPTÈRES.

Lasioptera argyrostacta. Meig. — La larve de cette Tipulaire vit dans des galles ligneuses des rameaux du Saule pourpre. Winn.

SAULE MARCEAU.

COLÉOPTÈRES.

Agrilus viridipennis. Lap. — V. Vigne. Sa larve vit sous l'écorce du Saule marceau.

Calvia 10. guttula. Linn. — Ce Sécuripalpe vit sur le Saule marceau. Muls.

DIPTÈRES.

Cecidomyia capreæ. Loew. — V. Groseiller. La larve vit dans de petites galles dures, qui se forment dans les feuilles du Saule marceau.

SAULE A OREILLETTES.

DIPTÈRES.

Cecidomyia peregrina. Loew. — V. Groseiller. La larve vit dans de petites galles qui se forment sur les feuilles du Saule aurita.

Cecidomyia salicis. Schr. — Ibid. La larve vit dans des galles ligneuses sur les rameaux du Saule aurita.

Cecidomyia capreæ. Loew.— Ibid. La larve vit dans de petites galles dures qui se forment dans les feuilles du Saule aurita.

SAULE A TROIS ETAMINES.

LÉPIDOPTÈRES.

Adela cuprella. S. V. — V. Saule. La chenille vit sur le Saule triandra.

SAULE DES SABLES.

COLÉOPTÈRES.

Lina collaris. Fab. — V. Saule. Il vit sur le Saule arenaria. Fairm.

SAULE FRAGILE.

DIPTERES.

Cecidomyia saliceti. Loew. — V. Groseiller. La larve vit dans es bourses des feuilles deformées du Saule fragile.

Cecidomyia terminalis. Loew. — Ibid.

SAULE CENDRE.

DIPTÈRES.

Cecidomyia salicis. Schr. -- V. Groseiller. La larve vit dans les galles ligneuses sur les rameaux du Saule *cinerea*.

SAULE RAMPANT.

LÉPIDOPTÈRES.

Adela cuprella. S. V. — V. Saule. La chenille vit sur le Saule repens. Zell.

SAULE OSIER.

Oberea oculata. Déj. —V. Chevrefeuille. Sur les Oseraies.

PEUPLIER.

COLEOPTERES.

Phylethus populi. Redtenb.— Cet Hétéromère vit sous l'ecorce

Mordella Gacognii. Muls. — V. Aubépine. Sa larve vit dans le Peuplier.

Rhyncolus strangulatus. Perr. — V. Pin maritime. On le trouve sur les Peupliers morts.

Rhyncholus populi. Dej. — Ce Curculionite vit sous l'écorce.

Sylvanus populi. Chevr. — V. Poirier.

Oegosoma scabricornis. Lat. — V. Hêtre. La larve vit dans le Peuplier

Hesperophanes mixtus. Fab. — La larve de ce Longicorne vit dans le Peuplier. Muls.

Hesperophanes nebulosus. Oliv. — Ibid. Muls.

Acanthoderus varius. Fab — V. Chêne. Sa larve vit dans le Peuplier. Muls.

Clytus tibialis. Linn. — V. Sycomore. La larve vit dans le Peuplier. Muls.

Molorchus abbreviatus. Fab. — V. Saule. Sa larve vit dans le Peuplier.

Molorchus dimidiatus. Fab. — Ibid.

Morimus tristis. Fab. — V. Sureau. Il se trouve au pied du Peuplier.

Anœrea carcharias. Linn. — Ce Longicorne vit sur les Peupliers. Muls.

Mesosa curculionides. Fab. — V. Chêne. La larve vit dans le Peuplier. Muls.

Rhamnusium salicis. Fab. — V. Saule. La larve vit sur les Peupliers.

HÉMIPTÈRES.

Cercopis populi. — V. Saule.

Phitocoris populi. Linn. — V. Poirier.

DIPTÈRES.

Cecidomyia populi, L. Duf. — V. Groseiller. La larve vit sur les feuilles du Peuplier, sans y determiner de déformation.

Ceratopogon Kaltenbachii. Winn. — V. Saule blanc. Kaltenb. Il a trouvé les larves dans la sève extravasée d'un Peuplier.

Xylophaga marginata. Meig. — M. Wesmael a trouvé plusieurs larves entre les lames du liber d'un Peuplier.

PEUPLIER TREMBLE.

COLEOPTÈRES.

Anœrea carcharias. Fab. — V. Saule. Il vit sur les Trembles.

Clytus arvicola. Oliv. — V. Sycomore. La larve vit dans le Tremble.

Obrium cantharinum. Linn. — La larve de ce Longicorne vit dans le Tremble.

DIPTERES.

Cecidomyia tremulæ. Loew. — V. Groseiller. La larve vit dans des galles en forme de pois sur les feuilles du Tremble.

FIGUIER.

COLÉOPTÈRES.

Hypoborus ficûs. Erichs. — Ce Xylophage vit sous l'ecorce.

Morimus funestus. Fab. — V. Sureau. La larve vit sur le Figuier.

ORME.

COLÉOPTÈRES.

Astrapœus ulmi. Rossi. — Ce Brachélytre vit sous l'écorce.

Nanophyes ulmi. Meg. — V. Tamarisc.

Miccotragus cuprifer. Panz (Ulmi. Dej.) — Ce Curculionite vit sur l'Orme.

Prionus coriarius. Lat. — V. Bouleau. La larve vit dans les Ormes. Delaporte

Œgosoma scabricornis. Scop — V. Hêtre. La larve vit dans les troncs caverneux de l'Orme. Muls.

Clytus arvicola. Oliv. — V. Sycomore. La larve vit dans l'Orme. Delaporte.

Epilachna argus. Fourc. — Ce Sécuripalpe vit sur l'Orme. Muls.

Coccinella variabilis. Ill. (Ulmi. Scriba.) — V. Pin maritime.

HÉMIPTÈRES.

Phytocoris ulmi Linn. — V. Poirier. Il vit sur l'Orme.

Physapus ulmifoliarum. Hal. — Ce Thrips vit solitaire sous les feuilles de l'Orme.

BOULEAU.

COLÉOPTÈRES.

Orchestes rufus. Oliv. (Betuleti. Panz. — V. Houx.

Apion betulæ. Chevr. — V. Tamarisc.

Syneta betulæ. Fab. — Cette Chrysoméline vit sur le Bouleau.

DIPTÈRES.

Cecidomyia betulæ. Kaltenb. — V. Groseiller. La larve vit dans les chatons femelles.

Psila nigricornis Meig. — V. Rosier. Il vit sur les feuilles des Bouleaux de la Scandinavie. Zett.

Psila nigra. Meig. — Ibid.

AUNE.

COLÉOPTÈRES.

Orchestes scutellaris. Fab. (Alni. Herbst.) — V. Houx.

Omalium nigrum. Grav. (Salicinum. Gyll.) — V. Hêtre.

——— salicis Gyll. — Ibid.

Tomicus monographus. Fab. — V. Peuplier. La larve vit sous l'écorce de l'Aûne mort.

Tomicus bicolor. Ratz. — Ibid.

Cryptocephalus cordiger. Linn — V. Cornouiller. Il vit sur l'Aûne Suff.

Cryptocephalus distinguendus. Schnd. — Ibid.
Anatis ocellata. Linn. — Ce Sécuripalpe vit sur l'Aûne. Muls.
Sospila tigrina Linn. — Ibid.
Halyzia 16. guttata. Linn. — Ibid.
Calvia 10 guttata. Linn. — V. Saule Marceau. Ibid
Vibidia 12 guttata Poda. — Ce Sécuripalpe vit sur l'Aûne. Muls.
Chilocorus renipustulatus. Scriba. — V. Saule. Ibid.

LÉPIDOPTÈRES.

Attacus pyri. Borkh. — V. Citronnier La chenille vit aussi sur l'Aûne.

DIPTÈRES.

Psila nigricornis. Meig. — V. Rosier. Il vit sur les feuilles de l'Aûne en Scandinavie.
Psila nigra. Meig. — Ibid.

COUDRIER.

COLÉOPTÈRES,

Agrilus auripennis. Sol. (Coryli. Dahl.) —V. Vigne.
Oberea linearis. Linn. — V. Aûne. Suivant Roesel, la femelle dépose ses œufs sur les jeunes branches, près des bourgeons. La jeune larve s'insinue dans le bois jusqu'à la moelle dont elle doit se nourrir. Elle chemine, la tête en bas, dans le canal médullaire et le suit dans la longueur d'un demi-pied.
Halyzia 16 guttata. Linn. — V. Aûne de ce supplément. Il vit aussi sur le Coudrier. Muls.

LÉPIDOPTÈRES.

Attacus pyri Borkh. — V. Citronnier. La chenille vit aussi sur le Coudrier.

CHARME.

COLÉOPTERES.

Cicones (Curtis.) variegatus. Hellw. (Carpini. Curt.) — Ce Xylophage vit sous l'écorce.

Anobium carpini. Hellw. — V. Lierre.

Polyosia præusta. Linn. — V. Poirier.

Clytus arvicola. Oliv. — V. Sycomore. La larve vit dans le Charme. Muls.

Leiopus nebulosus. Linn. — V. Poirier. La larve vit dans le Charme. Muls.

Scymnus fulvicollis. Muls. — V. Pin silvestre. Il vit sur les charmilles. M.

HÉMIPTÈRES.

Jassus carpini. — Cet Homoptère vit sur le Charme.

DIPTÈRES.

Ceratopogon regulus. Winn. — V. Chevrefeuille. La larve vit sous l'écorce des vieux troncs du Charme. Winn.

Cecidomyia valvata. Loew. — V. Groseiller. Il vit dans le bois décomposé du Charme betulus

HÊTRE.

COLÉOPTÈRES..

Otiorhynchus fagi. Chevr. — V. Nerprun Bourgène.

Cerylon fagi. Mulscholski. — V. Hêtre.

Cryphalus fagi. Lat. — Ce Xylophage vit sous l'écorce.

Eledona fagi. Panz. — Cet Hétéromère vit sous l'écorce.

Idalia livida. Deg. — Ce Sécuripalpe vit sur le Hêtre. Muls.

Scymnus biverrucatus. Panz. — V. Pin silv. Il vit sur le Hêtre. Muls.

LÉPIDOPTÈRES.

Tinea fulvimitrella. Sadoffsky. — V. Clématite. La chenille vit dans le bois décomposé du Hêtre rouge. Zell.

Tinea caprimulgella. Von Heyd. — Ibid. La chenille vit dans les souches de Hêtres.

Euplocamus mediellus Curt — La chenille de cette Téncide a un écusson corne sur la nuque. Elle vit dans le bois décomposé du Hêtre, s'y creuse de profondes galeries qu'elle tapisse de soie, et en ferme l'entrée avec la même matière avant de se transformer. Z.

Euplocamus Fusslinellus. Sulz. — Ibid. La chenille habite les vieux troncs des Hêtres.

Euplocamus tessulatellus. Zell. — Ibid.

DIPTÈRES.

Cecidomyia bipunctata. Winn. — V. Groseiller. La larve vit dans des galles velues sur les feuilles du Hêtre.

Cecidomyia albilabris. Loew. — Ibid. La larve vit dans le bois décomposé de Hêtre

Cecidomyia cilipes. Loew. — Ibid.
——————— decorata. Loew. — Ibid.
——————— angustipennis. Loew. — Ibid.
——————— nudicornis. Loew. — Ibid.
——————— Fagi. Hurt. — Ibid. La larve vit dans des galles coniques sur les feuilles du Hêtre.

Cecidomyia piligera. Loew. — Ibid. La larve vit dans des galles obtuses, velues, brunes, sur les feuilles du Hêtre, avec la Cecid. bipunctata.

CHATAIGNIER.

COLÉOPTÈRES.

Stenoxys. Schm (œdemera) annulata. Germ. — Cet Hétéromère se trouve sur le Castanea vesca.

CHÊNE.

COLÉOPTÈRES.

Hygronoma quercina. Chevr. — Ce Brachelytre vit sous l'écorce

Oxylæmus cæsus. — Ce Brachelytre vit sous l'écorce du Chêne en supuration.

Berginus tamarisci. Dej. — Ce Brachélytre se trouve en secouant les jeunes Chênes.

Cetonia aurata. Linn. — V. Rosier. La larve vit dans les vieilles souches.

Cetonia marmorata. Fab. (Quercûs. Schr.) — V. Rosier.

———affinis. Panz. (Quercûs. Bonn.) — Ibid.

Adelocera varia. Fab. (Quercûs. Herbst.) — Ce Sternoxe vit sous l'écorce.

Ludius quercûs. Gyll. — V. Cytise.

Dircæa undata. Perris. — V. Hêtre. Il a été trouvé en fauchant sous de grands Chênes. P.

Sparedrus. Meg. (Calopus. Andersch.) testaceus. And. — Cet Hétéromère vit sur le Chêne.

Cneorhinus carinirostris. Sch. — V. Coudrier. En secouant les jeunes Chênes. Perris

Cneorhinus exaratus. Marsh. — Ibid.

Polydrusus flavovirens. Sch. — V. Pommier. M. Perris l'a trouvé en secouant les jeunes Chênes.

Polydrusus sparsus. Dahl. — Ibid.

Centorhynchus rugulosus. Herbst. (Quercicola. Payk.) — V. Bruyère.

Centorhynchus quadridens. Panz. (Quercicola. Marsh.)—V. Ibid.

Acallus abstersus. Sch. (Roboris. Curtis.) — V. Hêtre.

Celiodes ruber. Marsh. (Quercûs. Oliv.) — Ce Curculionnite vit sur le Chêne.

Celiodes Rubicundus. Payk. (Quercûs. Payk.) — V. Ibid.

Anoplus plantaris. Noesen (Roboris. Suff.) — Ce Curculionite vit sur le Chêne.

Scolyus vittatus. Lat. — V. Orme. Il vit dans le Chêne.

Prionus coriarius. Linn. — V. Bouleau. Il vit dans le Chêne. Perris.

Callidium alni. Fab. — V. Aubépine. La larve vit dans le Chêne.

Platynotus (Clytus) arcuatus. Fab — La larve de ce Longicorne vit dans les vieilles souches. Delaporte.

Molorchus abbreviatus. Fab. — V. Saule. La larve vit dans le Chêne. Muls.

Pogonocherus pilosus. Fab. — V. Gui. La larve vit dans le Chêne. Muls.

Cerambyx heros. Scop. — V. Pommier. La larve vit dans le tronc des vieux Chênes. Muls.

——————— miles. Bonelli. — Ibid. La larve vit ordinairement dans les racines des Chênes. Muls.

Ancesthetis testacea. Fab. — V. Saule. On le trouve dans les fagots de Chêne. Delaporte.

Polyosia prœusta. Linn. — La larve de ce Longicorne vit dans le Chêne. Muls.

Strangalia melanura. Linn. — V. Aune. La larve vit dans le Chêne. Muls.

Exocentrus adspersus. Rey. — V. Saule. La larve vit dans le Chêne.

Cryptocephalus bistripunctatus. Creutz. — V. Cornouiller. Il vit sur le Chêne. Suffr.

Harmonia impustulata. Linn. — Ce Sécuripalpe se trouve pendant l'hiver sous l'écorce des vieux Chênes. Muls.

Calvia bis septem guttata. Schaller. — Ce Sécuripalpe vit sur le Chêne.

Scymnus nigrinus. Kugel. — V. Pin. Silv. Il vit sur le Chêne. Muls.

Batrisus oculatus. Aubé. — V. Charme. M. Perris l'a trouvé au pied d'un Chêne.

HÉMIPTÈRES.

Xylocoris latior. Muls. — V. Pin maritime. Il se trouve sous les écorces de Chêne.

LÉPIDOPTÈRES.

Adela (Entyphia. Hubn.) Viridella. Scop. — V. Saule Elle se

trouve sur les buissons de Chêne, et vole en grandes troupes comme les Chironomes. Zell.

Tinea quercicolella. Hubn. — V. Clématite. Sur le Chêne.

DIPTÈRES.

Cecidomyia præcox. Winn. — V. Groseiller. On la trouve dès les premiers jours de mars dans les bois, surtout sur les branches de Chêne nouvellement coupées. W.

CHÊNE TAUZIN.

HÉMIPTÈRES.

Phytocoris ulmi. Linn. — Cette Cimicide vit sur le Chêne Tauzin.

————— populi. Linn. — Ibid.

CHÊNE VERT.

COLEOPTERES.

Coræbus œneicollis. Villers. — Ce Sternox se trouve sur les bourgeons du Chêne vert. Jacquel. Duv.

Coletes Javeti. Jacq. — Ibid.

Polydrusus setifrons — V. Pommier. Sur le Chêne vert, à Montpellier.

Cossonus ilicis. Fab. — V. Houx.

Brachyderes Ilicis. Dehl. — V. Houx.

Stylosomus ilicicola. Suff. — V. Tamarisc.

Cryptocephalus lividimanus. Suff. — V Cornouiller. M. Kiesenwetter l'a trouvé sur les Ilex du mont Serrat.

Stylosomus ilicicola. — Il vit sur le Chêne vert.

LÉPIDOPTÈRES.

Polyommatus ilicis. Ramb. — Il vit sur le Chêne vert.

————— suberis. Ramb. — Ibid.

————— occlusa. Ramb. — Ibid.

————— saportæ. Ramb. — Ibid.

Harpya fagi. Linn. — V. Hêtre. Il vit sur le Chêne vert.
Peridea trepida. Linn. — V. Chêne. Ibid.
Catephia alchymista. Linn. — V. Chêne. Ibid.
Ophiodes lunaris. Linn. — V. Chêne. Ibid.
Hadena protea. Linn. — V. Spartier. Ibid.
Orthosia stabilis. Linn. — V. Houx. Ibid.
————— instabilis. Linn. — V. Houx. Ibid.
————— ambigua. Linn. — V. Houx. Ibid.
Hemerophila petrificaria. Hubn. — V. Prunelier. Ibid
Amphidasis hirtaria. Linn. — V. Pommier. Ibid.

CHÊNE LIEGE.

LÉPIDOPTÈRES.

Polyommatus suberis. Ramb. — Il vit sur le Liége. R.
————— ilicis. Ramb. — Ibid.
————— occlusa. Ramb. — Ibid.
————— saportæ. Ramb. — Ibid.
Harpya fagi. Linn. — V. Hêtre. Ibid.
Peridea trepida. Linn. — V. Chêne. Ibid.
Catephia alchymista. Linn. — V. Chêne. Ibid.
Ophiodes lunaris. Linn. — V. Chêne. Ibid.
Hadena protea. Linn. — V. Spartier. Ibid.
Orthosia stabilis. Linn. — V. Houx. Ibid.
————— instabilis. Linn. — V. Houx. Ibid.
————— ambigua. Linn. — V. Houx. Ibid.
Hemerophila petrificaria. Hubn. — V. Prunelier. Ibid
Amphidasis hirtaria. Linn. — V. Pommier. Ibid.

CHÊNE BELLOTA.

COLÉOPTÈRES.

Pachybrachys azureus. Suff. — V. Saule. Il vit sur le Chêne Bellota. Suff.

GALÉ.

COLÉOPTÈRES.

Aphthona lutescens. Gyll. — V. Ronce. Commun sur le Galé. Perris

LÉPIDOPTÈRES.

Liparis dispar. Linn. — V. Myrte. Il vit sur le Galé. Graslin
Orgya ericæ. B. — V. Rosier. Ibid.

GENÉVRIER.

COLÉOPTÈRES.

Lampra festiva. Fab. — V. Peuplier. Il vit sur le Genévrier.

HÉMIPTÈRES.

Acanthosomus hœmorrhoïdalis. Linn. — Cette Cimicide vit sur le Genévrier, en Lithuanie. Gorski.
Gonocerus juniperi. Dahl. — Ibid
Hylastes juniperi. Chevr. — V. Pin maritime.

CYPRES.

COLÉOPTÈRES.

Morimus funestus. Fab. — V. Sureau La larve vit dans le cyprès. Muls.
——— tristis. Fab. — Ibid. Muls.

PIN SYLVESTRE.

COLÉOPTÈRES.

Clerus formicarius. Linn. — V. Pin Sylv. M. Chevandier a trouvé sous l'écorce une larve de Clerus, qui était attaquée par des *Dendroctonus piniperda* et par des *Pissodes notatus*.
Omophlus pinicola. Redtenb. — Cet Hétéromère vit sous l'écorce
Hymenophorus Doublieri. Muls. — La larve de ce Cistélinien vit dans les bois de Pins.

Brachonyx indigens. Herbst (Pineti Payk.) — Ce Curculionite vit sous l'écorce.

Erirhinus pinetum. Fab. — V. Peuplier.

Cerylon histeroides. Lab. — V. Hêtre. Il vit sous l'écorce des Pins. Delaporte.

Colydium ustulatum. Déj. — V. Orme. Ibid.

Sylvanus pini. Gaubil. — V. Poirier.

Cryphalus pini. Villa. — Ce Xylophage vit sous l'écorce.

Pogonocherus ovalis. Gyll. — V. Gui. La larve vit dans le Pin.

——————— fascicularis. Fab. — Ibid. Muls.

Monohammus gallo-provincialis. Oliv — V. Chêne. La larve vit dans le Pin. Muls.

Ergates serrarius. Panz. — V. Pin sylv. La larve vit dans l'intérieur des souches. Muls.

Oxypleurus (muls.) Nodieri. — La larve de ce Longicorne vit sous l'écorce. Muls.

Asemum striatum. Linn. — La larve de ce Longicorne vit dans le Pin. Muls.

Ædilis montana. Serv. — La larve de ce Longicorne vit dans l'écorce du Pin. Muls.

Ædilis grisea. Fab. — Ibid.

Vesperus strepens. Oliv. — V. Chêne-vert. La larve vit dans le Pin. Muls.

Rhagium bifasciatum. Fab. — V. Aubépine. La larve vit dans le Pin. Muls.

Rhagium inquisitor. Linn. — Ibid.

——————— indagator. Fab. — Ibid.

Leptura rubro testacea. Ill. — V. Hêtre. La larve vit dans le Pin.

Leptura sanguinolenta. Gyll. — Ibid.

Calomicrus pinicola, Duftschm. — Cette Chrysoméline vit sur le Pin.

Adonia (Muls.) mutabilis. Scriba. — Ce Securipalpe vit sur le Pin. Muls.

Idalia (Muls) livida. Degeer. — Ce Sécuripalpe vit sur le Pin. Muls.

Coccinella undecem punctata. Linn. — Ibid.
————— quinque punctata. Linn. — Ibid.
Harmonia Muls) margine punctata. Schall. — Ibid.
Myrrha (Muls) 18. guttata. Linn. — Ibid.
Mysia (Muls) oblonga guttata. Linn. — Ibid.
Anatis (Muls) ocellata. Linn. — Ibid.
Vibidia (Muls) 12. guttata. Poda. — Ibid.
Nomius (Muls) cruentatus. Muls. — Sous l'écorce.
Scymnus nigrinus. Kugel. — Ibid.
————— discoideus. Schneid. — Ibid.
Rhysobius litura. Fab. — Ibid.

HÉMIPTÈRES.

Pentatoma pinicola. Muls. — V. Génévrier. Il vit sur les Pins
Anthocoris testaceus. Muls. — Cette Cimicide vit sur les Pins. Muls.

DIPTÈRES.

Cératopogon niger. Winnerz. — V. Chèvrefeuille. La larve vit sous l'écorce. W.

Cecidomyia signata. Loew. — V. Groseiller. La larve vit dans les jeunes branches mortes, en société avec des larves de Coléoptères

PIN MARITIME. (1)

COLÉOPTÈRES.

Bembidium nanum. Gyll. — Ce Carabique se trouve sous l'écorce des vieux Pins morts. P.

Phlœopora reptans. Grav. — Ce Brachélytre vit sous l'écorce. P.
————— corticalis. Grav. — Ibid. P.

---

(1) Cet article est extrait de l'introduction que M. Perris a publiée de l'histoire du Pin maritime, dans laquelle il a signalé un grand nombre d'observations nouvelles.

Homalota celata. Erich. — Ce Brachélytre vit sous l'écorce. P.
Oxypoda analis. Gyll. — Ibid. P.
Placusa pumilio. Grav. — Ce Brachélytre paraît parasite des Crypturgus pusillus et Ramulorum et des Podura lignorum. P
Omalium vile. Er. — Ibid. P.
Ptilium apterum. Guer. — Ibid. P.
Ips ferruginea. Fab. — V. Hêtre. P.
Rhysophagus depressus. Fab. — V. Hêtre. Il fait la guerre aux larves des Hilurgus piniperda et minor. P.
Temnochila cœrulea. Oliv. — Ibid. La larve de ce Clavicorne attaque celles de l'Œdilis grisea et du Mélanophila tarda. P.
Ditoma crenata. Fab. — Ibid. P.
Aulonium bicolor. Herbst. — Ce Clavicorne dépose ses œufs dans les galeries du *Tomicus laricis* en pénétrant par le trou dont le Tomicus a perforé l'écorce, et ses larves dévorent celles de ce Xylophage.
Brontes planatus. Linn. — V. Chêne. La larve est carnivore. P
Hypophlœus linearis. Gyll. — V. Orme. Cet Hétéromère est parasite du *Tomicus bidens*; il s'introduit dans ses galeries par le trou même que la femelle a creusé, et y dépose des œufs d'où naîtront des larves qui dévoreront celles des *Tomicus*. P.
Sylvanus unidentatus. Fab. — V. Poirier. P.
Lœmophlœus Dufourii. Laboulbène. — V. Clématite. P.
Paramecosoma abietis. Payk. — Ce Clavicorne dépose ses œufs dans les nids des chenilles du Cnethocampa pithyocampa. Les larves s'y nourrissent des détritus de feuilles et des dépouilles qui y sont accumulées. P.
Dermestes mustelinus. Er. — V. Hêtre. Même observation. P.
Platysoma oblonga. Fab. — V. Orme. La larve détruit celles des *Hylurgus* et des Tomicus. P.
Teretrius flavicornis. Payk. — La larve de ce Clavicorne fait la guerre à celle du *Crypturgus pusillus*. P
Plegaderus cæsus. Fab. — V. Hêtre. Même observation. P

Plegaderus discisus. Er. — V. Hêtre. Même observation. P.
— saucius. Fab. — Ibid. P.

Dorcus parallelipipedus. Linn. — Ce Lamellicorne dépose ses œufs dans les Pins morts. P.

Chrysobothris solieri. Lap. et Gor. — V. Peuplier. Sur les vieux Pins. P.

Melanophila tarda. Fab. — Ce Sternoxe vit sous l'écorce.

Melanotus brunnipes. Germ. — Ibid.

Eurythyrea micans. Fab. — V. Chêne. La larve de ce Sternoxe, que l'on trouve dans les maisons, pourrait bien vivre dans le bois équarri. P.

Malachius balteatus. Chevr. — V. Lierre. Il fait sa proie des larves qui vivent sur les jeunes Pins. P.

Dasytes ater. Fab. — Même observation. P.

Thanasimus formicarius. Fab. — La larve de ce Térédile vit sous l'écorce et attaque celles de l'*OEdilis grisea*, du Melanophila tarda, du Rhagium indagator, du *Monohammus* gallo provincialis. P.

Thanasimus quadrimaculatus. Fab. — La larve attaque une Tinéide. P.

Trichodes alvearius. Fab. — La larve de ce Térédile est également parasite et vit sous l'écorce. P.

Opilus mollis. Linn. — V. Chêne. La larve attaque les mêmes insectes que le Thanasimus formicarius. P.

Anobium pertinax. Linn. — V. Lierre. La larve se trouve dans le bois équarri. P.

Anobium abietis. Fab. — Ibid.

———— longicorne. Kies. — Ibid.

Ennearthron cornutum. Gyll. — Il vit sur le Boletus pini. P.

Tomicus (Bostrichus) eurygraphus. Er. — Supp^t. Ce Xylophage pénètre dans le bois comme une vrille, et va déposer ses œufs dans les couches ligneuses. P.

Tomicus (Bostrichus) bidens. Fab. — Supp^t Il trace, de la base au sommet des jeunes Pins, ses galeries étroites. P

Crypturgus pusillus. Gyll. — Ce Xylophage laboure l'ecorce et perfore le bois. P.

Crypturgus ramulorum. Pers. — Ibid.

Hylurgus minor. Hartig. — V. Hêtre. Il se fait remarquer par ses longues galeries transversales. P.

Hylurgus piniperda. Linn. — P.

Hylastes attenuatus. Er. — V. Pin mar. Il dépose ses œufs dans les arbres morts. S.

————— palliatus. Gyll. — Ibid.

————— angustatus. Herbst. — Ibid.

Rhyncolus porcatus. Germ. — V. Pin mar. Suppl. Dans ses états de larve et d'adulte, il pratique dans le bois mort un réseau de galeries. P.

————— strangulatus. Perr. — V. ibid. P.

Magdalinus carbonarius. Fab. — V. Vigne. La larve devore l'écorce et s'introduit dans le canal medullaire. P.

Pissodes notatus. Fab. — V. Pin sylvestre. La larve trace dans le liber ses sentiers sinueux. P

Hylobius abietis. Linn. — V. Saule. P.

Ceutorhynchus Bertrandi. Perr. — V. Bruyère. On le trouve en secouant les Pins. P.

——————— histrix. Perr. — Ibid.

Spondylis buprestoïdes. Fab. — V. Pin sylvestre. Il depose ses œufs sur les souches. P.

Ergates faber. Linn. — V. Pin sylv. Même observation P.

Criocephalus rusticus. Linn. — V. Pin sylv. Même observation. P.

Hylotropes bajulus. Linn. — La larve de ce Longicorne vit dans le bois équarri. P.

Aedilis montana. Serv. — Ce Longicorne depose ses œufs sur les souches. P.

————— grisea. Fab. — Ibid.

Monohammus gallo-provincialis. Oliv. — V. Chêne. P.

Rhagium indagator. Fab. — V. Aubepine. P.

Leptura rubro-testacea. Selig. — V. Hêtre. La larve mine le bois mort dans toutes les directions et à toutes les profondeurs. P

Disopus pini. Linn. — V. Sapin blanc. Cette Chrysomeline se jette en foule sur les feuilles dont elle ronge à reculons le parenchyme. P.

Mysia oblongo punctata. Linn. — Ce Securipalpe dévore les Pucerons. P.

Prionychus ater. Fab. — Il vit sous l'écorce et il dépose ses œufs dans le bois réduit en poudre. P.

Helops caraboides. Panz. — V. Pommier. S.

Hallomenus flexuosus. Payk. — Cet Hétéromère vit sur le Boletus pini. P.

Xanthochroa carniolica. Gistt. — Il dépose ses œufs dans les arbres en décomposition. P

HYMÉNOPTÈRES.

Urocera juvencus. Linn. — M. Perris s'est assuré que la larve est lignivore et qu'elle creuse à travers l'aubier sa galerie parabolique.

Lophyrus piceæ. Fab. — Cette Tenthrédine vit sur le Pin. P.

Tentbredo limbata. Genil. — V. Groseiller. La fausse chenille seule de cette tribu vit dans le détritus. P.

Pimpla instigatoria. Gruv. — La larve de cet Ichneumonide est parasite du Pissodes notatus. P.

Ichneumon motatorius. Vill. — La larve est parasite du Criocephalus rusticus. P.

Vipio nominator. Fab. — La larve est parasite de l'Aedilis grisea et du Rhagium indagator. P.

Formica pubescens. Fab. — Cette espèce établit ses fourmilières dans les souches vermoulues. P.

——— nigra. Linn. — Même observation. P.

HÉMIPTÈRES.

Aphrophora corticea. Germ. — V. Weigelia. La larve de cet

Homoptère s'enveloppe de flocons d'écume comme celle de l'A. spumaria.

Aphis pini. Linn. — V. Cornouiller.

LÉPIDOPTÈRES.

Sphynx pinastri. Linn. — V. Sureau
Lasiocampa pini. Linn. — T. Poirier.
Cnethocampa pithyocampa. Lœw. — V. Charme.
Tinea decuriella. Hubn. — V. Clématite. La chenille pénètre jusqu'au liber et détermine des écoulements de résine au milieu de laquelle elle vit et se métamorphose. P.
Tortrix strobilana. Hubn. — V. Lierre. La chenille ronge la moelle des jeunes tiges. P.
——— buoliana. Fab. — Ibid.

DIPTÈRES.

Mycetobia pallipes. Meig. — V. Orme.
Laphria gilva. Meig. — V. Pistachier. Il dépose ses œufs sur les souches. P.
——— atra. Fab. — Même observation.
Xylota pini. Perr. — V. Pin maritime.
Sphærophoria tæniata. Perr. — La larve de cette Syrphide dévore l'Aphis pini. P.
Toxoncvra fasciata. Macq.
Blephariptera serrata. Meig. — La larve de cette Muscide vit comme celle du Paramecosoma. P.
Leucopis griseata. Sall. — La larve de cette Muscide dévore l'Aphis pini. P.
Teremyia laticornis. Perr. — V. Erable. La larve vit de détritus. P.
Homalura flavipes. Perr. — La larve de cette Muscide se nourrit des détritus produits par l'Anobium molle.
Phora pusilla. Meig. — Cette Muscide vit de détritus. P

PIN STROBUS.

COLÉOPTERES.

Pissodes strobi. Redtenb. — V. Pin Silv

LEPIDOPTERES.

Tortrix strobilana. Hub. — V. Lierre.

DIPTERES.

Cecidomyia strobi. Kalt. In litt. — La larve vit dans les cônes. Winn.

PIN CEMBRO.

COLÉOPTERES.

Tomicus cembrœ. Heer. — V Peuplier

SAPIN EPICEA.

Salpingus piceus. Germ. — V. Aubépine.

SAPIN COMMUN.

COLÉOPTERES.

Paramecosoma abietis. Payk. — V. Pin maritime du suppl. Peri
Hylobius abietis. Fab. — V. Saule.
Molorchus dimidiatus. Fab. — V. Saule. Muls.
Callidium violaceum. Fab. — V. Aubepine. Muls.
Hylotropus bajulus. Fab. — V. Pin mar. du suppl. Muls.
Strangalia quadrifasciata. Fab. — V. Aune. Muls.
Leptura rubrotestacea. Fab. — V. Hêtre. Muls.
——— sanguinea. Fab. — Ibid.
Idalia livida. Deg. — V. Hêtre. Muls.
Mysia oblonga guttata. Linn. — V. Pin sylv. Muls.
Anaties ocellata. Linn. — Aune. Muls.

LÉPIDOPTERES.

Euplocamis füsslinellus. Sulz. — La chenille de cette Tineide vit dans les vieilles souches.

Tinea fuliginosella. Lienig. — V. Clematite.

LES PLANTES HERBACÉES D'EUROPE

ET LEURS INSECTES.

LES PLANTES HERBACÉES D'EUROPE

ET LEURS INSECTES,

POUR FAIRE SUITE AUX ARBRES ET ARBRISSEAUX D'EUROPE,

INTRODUCTION

Depuis que j'ai publié l'ouvrage intitulé : *Les Arbres et Arbrisseaux d'Europe et leurs Insectes*, mes amis m'ont engagé à faire pour les plantes herbacées ce que j'avais fait pour les végétaux ligneux. Il leur a semblé que s'il était utile et intéressant de faire connaître les insectes qui vivent sur les arbres, en indiquant les moyens de détruire ceux qui y font des dégâts, il ne l'était pas moins de considérer les autres plantes sous le même rapport. A la vérité, les arbres, par leur grandeur, leur durée, leurs fruits, leur substance ligneuse, sont d'un ordre supérieur aux végétaux herbacés, et leurs insectes, beaucoup plus nombreux, surtout à cause des écorces qui leur offrent des aliments et des retraites, nous inspirent de l'intérêt par la diversité et la singularité de leurs instincts; souvent aussi ils exercent des ravages qui réclament nos moyens de répression; mais, d'un autre côté, les plantes herbacées se recommandent par leur nombre beaucoup plus considérable, par une plus grande diversité dans leurs familles et leurs espèces, par leurs graines, dont plusieurs, comme celles des céréales, ont reçu la grande mission de servir de principale nourriture aux hommes ; par leurs feuilles qui en font la pâture des bestiaux ; et, d'après ces différentes considérations, les insectes qui s'y développent n'excitent pas moins notre curiosité, notre intérêt, ne nous causent pas moins de dommages, n'appellent pas moins notre vigilance à les combattre.

Si les arbres élèvent dans les airs leurs grands dômes, leurs cimes majestueuses, s'ils dressent vers le ciel leurs immenses pyramides, s'ils se réunissent en vastes forêts sur la crête ou sur le flanc des montagnes, les plantes herbacées couvrent comme d'un manteau la nudité de la terre, elles s'agglomèrent en moelleux tapis de graminées pour former l'émail de nos prairies.

Si la culture des arbres nous intéresse par les fruits qu'elle nous procure, par les matériaux qu'elle fournit à nos besoins, à notre industrie, à nos arts, par la part qu'elle apporte à la fortune publique et privée, la culture des plantes herbacées, c'est-à dire celle qui est le fondement de l'agriculture, nous importe infiniment davantage en nous donnant notre pain, la pâture de nos bestiaux, en réunissant les hommes par les secours réciproques qu'elle exige, en constituant la base de la civilisation.

Avec quel soin ne devons-nous pas observer les insectes de nos plantes cultivées, pour nous opposer à leurs déprédations, quand nous considérons qu'ils les attaquent toutes, qu'ils détruisent quelquefois des récoltes entières, qu'ils sont accusés de causer annuellement une perte de 200 millions à la France seulement, et que ces dévastations peuvent être au moins en partie prévenues, réprimées, par les moyens qu'indiquent la science et l'expérience.

Tandis que les arbres ne présentent dans le règne végétal qu'un certain nombre de genres disséminés dans les nombreuses classes qui le composent ; qu'ils constituent seulement deux de ces dernières, les Amentacées et les Conifères, les plantes herbacées y occupent une place incomparablement plus considérable ;

elles forment seules un grand nombre de classes, des embranchements même presqu'entiers. C'est ainsi que les Cryptogames, qui comprennent le cinquième des végétaux connus, n'offrent d'autres arbres que les Cicas ; que les Monocotylédones, aussi nombreux que les Cryptogames, ne comptent que les Palmiers. Parmi les Dicotylédones, les Ombellifères, les Labiées, les Composées et beaucoup d'autres classes importantes ne sont composées que de plantes herbacées, et dans la plupart des autres, les arbres ne sont qu'en faible minorité.

Par ces diverses considérations, nous pouvons dire que les plantes herbacées sont le peuple du royaume des végétaux, dont les arbres sont la noblesse et les Palmiers les princes, ainsi que les nommait Linnée. C'est surtout chez elles que nous devons étudier les phénomènes de la végétation dans toutes leurs parties, et dont nous considérerons surtout les harmonies qu'elles présentent entr'elles.

RACINES.

Les racines fixent la plante au sol par leur tendance à y descendre, et elles y puisent les substances qui, conjointement avec celles que fournissent les feuilles, sont nécessaires à sa nutrition, à son développement et à sa propagation. Elles présentent les harmonies les plus remarquables entre le sol et la plante en se coordonnant à toutes les modifications, à toutes les exigences de l'un et de l'autre. Elles se ramifient en fibres chevelues chez la pauvre Bruyère, pour qu'elle ne perde rien de la faible couche d'humus qui lui suffit pour vivre et pour fleurir. Elles s'enfoncent en longs et robustes pivots dans le sol profond qui supporte le Chêne,

> Celui de qui la tête au ciel était voisine
> Et dont les pieds touchaient à l'empire des morts.

Elles s'étendent horizontalement en longs câbles dans les Peupliers de nos rivages qu'elles raffermissent contre les empiètements des eaux. Dans les Cyprès chauves qui bordent les fleuves de l'Amérique septentrionale il sort des racines supérieures, à quelque distance de l'arbre, un cercle d'excroissances coniques, creuses, résistantes, qui font l'office d'estacade contre la violence des eaux et le choc des glaces.

Chez les plantes herbacées, les racines se gonflent quelquefois de substances succulentes qui fournissent, comme la graisse à l'animal, une nourriture supplémentaire au végétal, et qui devient, par les prodiges de la culture, une ressource précieuse pour l'homme et les bestiaux. Telles sont les racines potagères, le Navet à la chair tendre et douce, la Carotte nourrissante et parfumée, l'industrielle Betterave que l'art transforme en sucre, en alcool. D'autres fois elles s'enflent çà et là en tubercules farineux, comme la Pomme de terre, si précieuse encore, malgré le fléau opiniâtre qui enlève aux pauvres une partie de leur subsistance.

L'on pourrait aussi considérer comme des racines subissant d'autres modifications, les bulbes des Liliacées, si les maîtres de la science n'avaient pas jugé que c'étaient des bourgeons contenant l'ébauche d'une jeune tige, et dont les écailles sont les feuilles transformées. Elles nourrissent au moins la plante de leur substance, comme les tubercules, et nous fournissent d'utiles substances alimentaires, telles que l'Ognon, qu'adorait l'Egypte, et l'Ail, dont raffole la Provence.

Quoique les racines servent surtout à la nutrition des plantes, elles servent souvent aussi d'auxiliaires à la propagation par les bourgeons qui s'y développent, tels sont les drageons des arbres, les *yeux* de la Pomme de terre, du Topinambour, du Dahlia, les cayeux des plantes bulbeuses, par lesquels la nature, prodigue de la vie, ajoute encore à toute la fécondité de la multiplication sexuelle.

Les racines nous intéressent souvent encore par leurs propriétés salutaires. Quoique privés plus ou moins de l'influence de l'air, de la lumière, des chauds rayons du soleil, leurs sucs ont des vertus puissantes qu'égalent rarement les autres parties des plantes. Telles sont celles de la Rhubarbe, de l'Ipécacuanha, de la Guimauve, de la Réglisse, du Chiendent, et de bien d'autres qui soulagent l'humanité, sujette à tant de maux.

Les insectes qui vivent sur les racines sont nombreux et souvent nuisibles. C'est ordinairement dans l'état de larve qu'ils exercent leurs ravages souterrains dont nous ne voyons souvent les effets que par la mort des plantes. Quelques-uns les attaquent toutes, comme la larve du Hanneton, la chenille de la Noctuelle (Agrotis segetum), le Grillon-taupe. Nous pouvons souvent découvrir leur marche ténébreuse d'une plante à une autre. D'autres sont attachés exclusivement à une seule espèce, tel que le Taupin (Agriotes segetis), qui dévaste nos champs de blé.

TIGES.

La tige, qui est la partie ascendante du végétal, et qui sert de support aux rameaux, aux feuilles, aux fleurs et aux fruits, est à la fois le chaume du Froment, la hampe du Lis, la tige du Noisetier, le tronc du Chêne. Herbacée, elle ne voit qu'un printemps et plie au moindre zéphyr; ligneuse, elle vit des siècles et résiste aux efforts de la tempête. Herbe tendre ou bois incorruptible, remplie d'une moelle succulente, ou formée de zones concentriques, couverte d'un duvet moelleux ou d'une rugueuse écorce de l'épaisseur d'un cheveu ou d'une tour, la tige nous présente toutes les couleurs, les densités, les dimensions, les formes que l'imagination peut enfanter. Nous lui devons le fourrage de nos bestiaux, le chaume de nos toits, le lin et le chanvre de nos tissus, le bois de nos constructions, les écorces qui nous fournissent une multitude de substances utiles : le tan, le liege, la gomme, la résine, les parfums, le papier, la canelle, le quinquina, et jusqu'aux pirogues des populations boréales.

L'une des harmonies végétales les plus sensibles consiste dans les nœuds qui fortifient de distance en distance les tiges d'un certain nombre de frêles plantes, qui se forment à l'insertion des feuilles, et qui présentent une disparité dans la contexture de cette partie du végétal. C'est ainsi que les Céréales, qui nourrissent le genre humain, résistent aux vents qui les agitent comme les vagues de l'Océan.

Les insectes qui vivent à la surface ou à l'intérieur des tiges présentent une grande multitude d'espèces dont les instincts sont pleins de diversité et d'intérêt. Nous avons parlé des Xylophages qui se développent dans l'écorce des végétaux ligneux, dont les galeries, dirigées dans tous les sens, y causent de grandes altérations, et qui ont reçu la mission de hâter la dissolution des arbres dépérissants par l'âge ou les maladies ; nous avons mentionné les Longicornes qui vivent dans l'aubier, le Cossus qui pénètre dans le bois, les Cigales, les Pucerons, les Gallinsectes, qui, vivant à la surface, enfoncent leur trompe sous l'epiderme pour en pomper les sucs. Un grand nombre d'autres rongent la tige des plantes herbacées et y commettent de grands désordres. Tels sont les Chlorops, les Agromyzes, les Cephus, les Saperdes, qui infestent nos céréales et en sont les plus grands déprédateurs. D'autres ne se servent des tiges que pour y déposer diversement leurs œufs, de manière que les larves, après leur éclosion, se répandent sur le feuillage. Ainsi les Tenthrèdes placent les leurs dans les incisions pratiquées au moyen de la scie qu'ils portent à l'extrémité du corps ; le Bombyx *neustria* dispose les siens en anneaux sur les jeunes branches de nos pommiers.

Les épines, qui garnissent les tiges d'un assez grand nombre de végétaux, et qui sont considérées comme des rameaux ou des feuilles avortées, ont sans doute un rapport direct avec l'économie végétale ; mais la science physiologique n'a pu le découvrir encore. Elles ont au moins une destination protectrice en faveur des animaux faibles contre les forts : c'est sous l'abri des buissons épineux du Prunelier, de l'Aubépine, de l'Ajonc, que le lièvre, le lapin se blottissent pour échapper à leurs ennemis ; c'est au pied du Chardon que le charmant oiseau qui lui doit son nom place son nid entouré d'épines, comme il le garnit intérieurement de la bourre moelleuse des graines pour garantir et réchauffer les fruits de ses amours. Il a été émis sur les fonctions des épines une opinion bien plus scientifique. M. Astier, de Toulouse, les regarde comme des organes chargés d'entretenir constamment dans la plante la quantité de fluide électrique nécessaire à l'harmonie générale de son existence, et de plus, comme ayant la puissance d'écarter la foudre et d'établir l'équilibre entre la terre et les nuages orageux. Les expériences sur lesquelles l'auteur fonde son opinion sont plus curieuses que concluantes.

FEUILLES.

Les feuilles, ces appendices latéraux des tiges, élégantes expansions du tissu cellulaire, dans lesquelles la nature réunit à un suprême degré l'unité de composition à la diversité de la forme, nous présentent une multitude de phénomènes et d'harmonies pleins d'intérêt. Elles sont un des organes principaux de la végétation puisque par la théorie de la métamorphose, devinée par Linnée, reproduite par le poète botaniste Goethe, et adoptée généralement, les fleurs et les fruits ne sont que des feuilles transformées.

Les feuilles ont pour fonctions principales de mettre le végétal en contact avec l'atmosphère, d'absorber les gaz qui servent à l'entretien de sa vie, et d'exhaler les gaz inutiles à son existence, c'est le phénomène de la respiration qu'elles opèrent ainsi. Le jour, elles absorbent l'acide carbonique de l'atmosphère, en retiennent le carbone et exhalent l'oxygène ; la nuit, elles absorbent de l'oxygène et dégagent de l'acide carbonique.

A la respiration les feuilles joignent la transpiration, souvent insensible, mais se manifestant souvent aussi par un fluide qui s'amoncelle à la surface, résineux sur les feuilles de la Fraxinelle, visqueux sur celles du Martynia, sucré sur les Tilleuls, salé sur les Tamarisc et autres plantes du bord de la mer, acide sur le Pois chiche, fétide sur le Madia, vésiculeux, brillant, chargé de soude dans la Glaciale.

La disposition des feuilles est soumise à une loi remarquable d'après laquelle elles sont rangées en spires régulières autour des rameaux. Le plus souvent, en partant d'une feuille quelconque et en parcourant la spirale, on trouve une sixième feuille au-dessus de la première. Dans d'autres cette disposition est plus simple ou plus composée.

Les feuilles présentent dans leurs formes des modifications qui contribuent à caractériser les grandes divisions des plantes Phanérogames. Dans les Monocotylédones elles sont toujours simples et sans dentelures ; dans les Dicotylédones apétales elles sont également simples, mais souvent dentelées ; dans les Monopétales elles le sont encore, mais fréquemment découpées ; dans les Polypétales enfin elles sont généralement composées.

La position des feuilles entr'elles offre aussi quelque coordination avec les autres caractères botaniques ; c'est ainsi qu'elle est toujours alterne dans les Monocotylédones, et qu'assez généralement elle est uniforme dans les familles naturelles.

Les nervures des feuilles présentent deux dispositions principales : elles naissent toutes de la base et sont parallèles entr'elles dans les plantes Monocotylédones ; elles partent obliquement de la nervure moyenne dans les Dicotylédones, se divisent et se subdivisent en s'épanouissant sur le limbe et forment un réseau d'une ténuité extrême.

La forme des feuilles, le plus souvent elliptique et plus ou moins dentelée ou divisée suivant le nombre et la direction des nervures, est principalement déterminée par la quantité de parenchyme qui s'étend entre ces dernières, comme nous le voyons par la végétation d'une plante dont les divisions des feuilles sont d'autant plus profondes qu'elle manque de vigueur.

Un des phénomènes les plus remarquables que présentent les feuilles consiste dans l'excitabilité qui se manifeste chez plusieurs, phénomène analogue à celui de l'irritabilité que la matière nerveuse produit dans les animaux inférieurs. Ainsi, dans la Dionée, une mouche vient-elle à se poser sur la surface supérieure d'une feuille, les deux lobes se rapprochent aussitôt, croisent les cils de leurs bords, et l'insecte est pris sans pouvoir s'échapper. La Sensitive contracte les siennes à la simple approche d'un corps étranger; le Sainfoin animé, *Hedysarum gyrans*, est plus sensible encore, et sa découverte devait appartenir à une femme, Lady Monson. C'est en parcourant les bords du Gange qu'elle a observé cette merveille du règne végétal. Des trois folioles qui composent la feuille la terminale s'incline alternativement à droite et à gauche et cette oscillation se produit depuis le lever jusqu'au coucher du soleil. Les folioles latérales ont un double mouvement continuel, qui s'exécute sans l'intervention apparente d'aucun stimulant étranger : elles tournent sur leur charnière, chacune à son tour et par saccades ; l'une s'élève rapidement pendant que l'autre s'abaisse et, en même temps, elles se rapprochent et s'éloignent de la foliole impaire. Ces mouvements ont lieu la nuit comme le jour ; mais pendant la nuit, toute la feuille s'abat et prend une rigidité qui semble contraster avec la mobilité des folioles latérales. Les profondes investigations de la physiologie végétale n'ont pu encore arracher à la nature son secret sur ce phénomène mystérieux.

Parmi les particularités que présentent les feuilles, nous mentionnons une modification qu'elles subissent en harmonie avec le besoin des végétaux. Dans un assez grand nombre de plantes et particulièrement chez les Papilionacées, à feuilles composées, les tiges sont si grêles qu'elles ne peuvent se soutenir qu'à l'aide de support; alors la foliole terminale se transforme en vrille qui s'enroule aux corps voisins. Quand l'appui est inutile, la foliole conserve sa forme normale.

Les feuilles présentent surtout de l'intérêt par leurs harmonies avec tout ce qui les entoure.

Elles en ont avec la lumière du jour, qu'elles recherchent en se plaçant généralement de manière à être en contact avec elle. Quand le soleil descend sous l'horizon les plantes sommeillent, suivant l'expression de Linnée, chacune à sa manière, les feuilles prenant diverses positions pendant la nuit. Dans l'Arroche, elles s'appliquent étroitement l'une à l'autre ; dans l'Œnothère, elles se dressent et enveloppent la tige ; dans la Mauve du Pérou, elles s'enroulent autour des bourgeons ; dans la Luzerne, elles se relèvent, se réunissent par le sommet seulement, et se courbent en-dedans pour abriter les fleurs ; dans le Mélilot, les folioles sont réunies à leur base pendant qu'elles sont ouvertes et ecartées à leur sommet ; dans le Lupin, elles se renversent et se couchent ; dans la Casse du Maryland, le pétiole commun se dresse vers la tige tandis que les folioles s'abaissent, en contournant leurs pétioles propres de manière à présenter la surface supérieure en-dessous, puis à s'appliquer l'une contre l'autre et à pendre vers la terre ; dans le Févier, les feuilles se rapprochent, elles se couchent sur le pétiole et le cachent entièrement. Au retour du soleil sur l'horizon, tous ces feuillages en ressentent l'influence et reprennent leur position diurne.

Les feuilles se mettent en harmonie avec l'eau en plusieurs manières. Celles qui flottent à la surface, comme dans le Nymphea, au lieu d'avoir les stomates (pores) à la surface inférieure, les ont à la supérieure. Les feuilles qui sont dans un état naturel d'immersion sont dépourvues de stomates et même d'épiderme, et elles ne se composent que de parenchyme.

Parmi les harmonies aquatiques des feuilles, pourquoi ne rappellerions-nous pas celles qui ont été decrites avec tant de charme par Bernardin de Saint-Pierre ? Pourquoi ne nous prêterions-nous pas à voir les végétaux des montagnes, l'Orme, le Bouleau, le Buis, recevoir l'eau des pluies dans leurs feuilles façonnées en cuillers, la laisser écouler par les pétioles creusés en gouttière, jusqu'aux branches et au tronc d'où elle arrive aux racines ?

Les harmonies que les feuilles présentent avec les animaux, et surtout avec les insectes, sont plus remarquables encore. Par la délicatesse de leur contexture, elles sont éminemment appropriées à ces petits êtres, soit pour être leur séjour habituel, soit pour leur servir d'aliment, soit pour fournir des matériaux à leurs industries. C'est sur les feuilles qu'ils se livrent le plus souvent à leurs évolutions, à leurs ruses, à leurs guerres et à leurs amours. Dans leur voracité, les innombrables chenilles dépouillent quelquefois des forêts entières; une multitude de petites larves vivent en mineuses entre les deux membranes des feuilles dont elles rongent le parenchyme; les Cigales, les Pucerons, les Psylles, les Cochenilles, les Kermès en pompent les sucs avec leur trompe; les Cynips, les Cécidomyies déterminent par la succion l'afflux de la sève et la production d'excroissances galliformes qui présentent le singulier phénomène de l'ordre, de la régularité, de la convenance, provenant d'une déviation accidentelle des sucs végétaux, d'une perturbation, d'un désordre dans l'organisme.

Les insectes trouvent dans les feuilles des matériaux inépuisables pour exercer leur industrie, surtout dans la construction du berceau de leurs petits; les chenilles en mêlent souvent des fragments à leur soie pour tisser le cocon dans lequel elles passeront à l'état de chrysalide; les Teignes en font entrer des parcelles dans leurs ingénieux fourreaux; les Charençons les roulent en cylindre, en cornet, les plient industrieusement en valise, pour y cacher leurs œufs.

FLEURS.

La fleur est à la fois l'ensemble des organes qui concourent à la reproduction et la création la plus gracieuse qui soit sortie des mains divines. Tandis qu'aux yeux du botaniste elle est l'assemblage de feuilles transformées (1), elle est pour le reste du genre humain une delicieuse combinaison de tout ce qu'il y a de plus délicat, de plus moelleux, de plus suave, de plus brillant, de plus élégamment nuancé. Chargée de la fonction la plus importante, elle est le siége des organes reproducteurs. Appelée à s'épanouir à toutes les températures, dans tous les sites, à toutes les latitudes et à remplir sa destination en s'harmonisant avec toutes les modifications de la lumière, à tous les rayons du soleil, elle prend toutes les couleurs, toutes les formes, toutes les combinaisons sans cesser d'être symétrique, elégante, harmonieuse.

Les couleurs des fleurs où se combinent la pureté, l'éclat, les nuances les plus délicates, les dessins les plus suaves, tous les effets les plus propres à charmer les yeux, sont en même temps coordonnées à la fécondation et elles la favorisent par les effets que produisent sur les fleurs les rayons du soleil, suivant leurs couleurs. Si on enferme le réservoir d'un thermomètre très-sensible au milieu d'une Rose rouge, et un autre dans une Rose pâle, toutes deux semblables pour la grosseur et l'épaisseur de leurs petales, toutes deux également exposées au soleil, le premier thermomètre montera plus haut que le second. M. Marrey, parlant des observations faites par M. W. Herschell sur la temperature propre aux différents rayons du spectre solaire, s'est assuré que, selon la couleur dominante du disque floral, la température de la plante était en rapport exact avec celle que présentent les mêmes couleurs fournies par le prisme, de sorte que la température de l'atmosphère étant de $12.°22$. centigrades, par exemple, celle du Calla Æthiopica qui est du blanc le plus pur, est de $12.°78$. La couleur blanche etant celle qui produit le plus de cha-

---

(1) La fleur est un assemblage de plusieurs verticilles (ordin. 4) constitués par des feuilles diversement transformées et disposés les uns au-dessus des autres en étages tellement rapprochés que les intervalles ne sont pas distincts.

leur colore plus souvent que les autres les fleurs des climats septentrionaux et celles qui éclosent dans les saisons les plus froides, comme les Perce-Neige, les Narcisses, les Muguets. Les couleurs foncées, qui réfléchissent peu la lumière, appartiennent généralement aux fleurs des contrées et des saisons chaudes, et il n'existe pas de fleur entièrement noire, parce que ses pétales sans réflexion lui seraient inutiles.

Les formes des fleurs allient sans doute également leur beauté à l'utilité; mais cette dernière qualité n'a pas encore été constatée par des expériences rigoureuses. Nous en sommes encore sous ce rapport au système séduisant de Bernardin de St-Pierre, développé avec tant de charme et d'après lequel les fleurs se modifient en réverbères pour réfléchir la chaleur, ou en parasols pour s'en préserver.

Les combinaisons et les agrégations des fleurs contribuent souvent à leur beauté plus encore que leurs formes et leurs couleurs. Rien n'égale la diversité de ces agrégations en bouquet, en thyrse, en corymbe, en grappe, en epi, en ombelle, en fascicule, en verticille. La grâce de ces dispositions laisse loin derrière elle l'art le plus exercé des bouquetières.

Plusieurs de ces combinaisons semblent affectionnées par la nature plus que d'autres, et sont répandues avec profusion. Telles sont les fleurs en ombelle et surtout les fleurs composées.

Les fleurs en ombelle, dont le nom comme la forme rappelle l'image d'un parasol, présentent une agrégation d'une multitude de petites fleurs dont les unes occupant le centre ont les pétales également courts, et les autres, situées à la circonférence, ont ceux du côté extérieur allongés, disposition qui leur fait refléchir les rayons du soleil, et qui favorise la fécondation.

Les fleurs composées, qui sont si nombreuses qu'elles comprennent la dixième partie du règne végétal, c'est-à-dire 9,000 espèces, sont des agrégations de fleurons formant un disque souvent entouré de pétales en forme de rayons, comme dans les

Pâquerettes, les Dahlias. Ces fleurons, ne contenant ordinairement, les uns que des étamines, les autres que des pistils, il en résulte que les fonctions reproductrices ne sont remplies que par la fleur dans son ensemble. On l'a comparée à une cité dont les habitants, resserrés sur un étroit espace, ont constitué une véritable société d'assistance mutuelle, ayant pour but la conservation de l'espèce (1).

Les fleurs présentent un grand nombre de phénomènes remarquables tels que production de bruit, développement de chaleur, dégagement de lumière et surtout les particularités qui sont relatives à la reproduction ; on peut mentionner aussi l'Horloge de Flore qui montre l'inégalité des heures de la floraison, et le Sommeil des plantes que nous avons signalé dans les feuilles et qui se manifeste aussi dans les fleurs. Les unes se penchent demi-closes vers la terre. *Geranium;* d'autres se ferment complètement : *Oxalis versicolor ;* d'autres se renversent simplement: *Renoncule.*

L'Horloge de Flore est reglée par les fleurs ainsi qu'il suit : à trois heures du matin s'ouvre le Salsifis; à quatre, la Cupidone ; à cinq, le Pavot; à six, l'Epervière; à sept, le Nymphea ; à huit, le Mouron ; à neuf, le Souci ; à dix, la Glaciale ; à onze, les Mauves ; à midi, toutes les fleurs qui ne s'épanouissent qu'au soleil le plus éclatant ; à quatre et cinq heures du soir, les Belles de nuit ; à six heures, les Geraniums du Cap ; à sept, la Galanthine de nuit ; à huit, une Ficoïde ; à neuf, le Silène nocturne ; à dix, le superbe Cactus à grandes fleurs.

Plusieurs fleurs s'ouvrent ou se ferment selon les viscissitudes atmosphériques, elles les annoncent quelques heures d'avance, et ajoutent un Baromètre à l'Horloge de Flore. Ainsi le Laitron de Sibérie, fermé le soir, présage une journée sereine ; si ses

---

(1) Le Maout, règne végétal

fleurs sont ouvertes, il pleuvra le lendemain. Le Souci pluvial, ferme le matin, annonce un jour pluvieux; mais cette plante *se trompe* quand l'atmosphère est chargée d'électricité, et sa fleur reste ouverte pendant les pluies d'orage.

Un exemple de bruit produit par les fleurs est fourni par la Grenadille bleue qui, la nuit, produit un effet semblable au mouvement d'une montre.

Parmi les fleurs qui developpent de la chaleur je citerai l'Arum d'Italie dont le spadice 1 s'échauffe, au moment de la fécondation, jusqu'à 40 degrés.

Les fleurs de la Fraxinelle sont chargées d'une multitude de petites glandes d'où s'exhale pendant les chaudes journées du printemps un fluide volatil qui, le soir, devient si abondant autour de la plante qu'il s'enflamme et répand une lueur purpurine lorsqu'on en approche une lumière. Nous devons la connaissance de ce phénomène a Mlle Elisabeth Linnée dont l'esprit d'observation et la piété filiale la rendirent digne de son illustre père. Elle fit connaître également la propriété qu'ont les fleurs de la Capucine de lancer des étincelles phosphoriques pendant le crépuscule. La même singularité a été observée depuis sur les fleurs du Souci.

Les particularités les plus remarquables qui se produisent dans les fleurs sont les phénomènes relatifs à la reproduction. Ceux qui ont été observés sont en grand nombre; ceux qui ne l'ont pas encore été sont sans doute bien plus nombreux encore. Ils consistent presque tous dans les mouvements que l'excitabilité détermine dans les étamines et les pistils. Nous nous bornerons à mentionner les suivants :

Les fleurs renversées ont généralement le pistil plus long que les étamines, de sorte que le pollen tombe sur le stigmate. Pen-

---

(1) Le Spadice est une colonne qui occupe le centre de la fleur.

dant la floraison des Pins et des Sapins, on aperçoit a leur sommet comme un léger nuage de pollen. Nous voyons dans les fleurs des Graminées des mouvements très-prononcés, surtout dans celles du Seigle, au temps où elles s'épanouissent; le matin, lorsque le soleil paraît sur l'horizon, les trois anthères s'élèvent, s'agitent au-dessus des stigmates, se renversent l'une après l'autre, s'ouvrent, et le pollen s'échappe.

Les fleurs de plusieurs Liliacées telles que les Amaryllis, les Pancratium, ont les anthères fixées le long de leurs filets et parallèlement au pistil, avant leur épanouissement. Lorsque la floraison est complète, ces anthères prennent une situation horizontale, pivotent sur l'extrémité qui les porte, et présentent au stigmate le point par où le pollen doit se répandre.

Le Collinsonia du Canada a ses deux étamines divergentes et fort écartées. Le pistil placé entr'elles se fléchit d'abord vers l'une jusqu'à ce qu'il la touche; il se retire quelque temps après, et se fléchit du côté opposé pour s'appliquer sur l'autre. (Deleuze.)

La Nielle de Damas a les pistils beaucoup plus longs que les étamines qui entourent la base de la fleur. Dès que les anthères sont prêtes à s'ouvrir, ils courbent leurs sommets en forme de cornes de belier pour se plonger au milieu d'elles, et reprennent ensuite leur première position.

Les dix anthères qui terminent le cylindre des étamines dans les fleurs du Genêt à balais sont sur deux rangs égaux, éloignés l'un de l'autre. Le rang inférieur parvient à la maturité avant le supérieur au milieu duquel le stigmate est placé et retenu par les pétales; mais lorsque le pistil a acquis assez de force pour les écarter, il se roule comme un cor de chasse, et plonge son sommet dans les anthères inférieures; s'allongeant ensuite, il vient se placer dans les supérieures, mûres à leur tour.

Les fleurs de l'Epine-Vinette montrent une excitabilité extrême dans leurs étamines qui, au moindre contact, au frôlement même des ailes d'un insecte, se dressent vivement du fond des petales, et se jetent sur le pistil.

Chez les plantes aquatiques la fructification s'opère avec des phénomènes particuliers plus ou moins remarquables et qui ont quelquefois de l'analogie avec ceux de l'instinct animal. La fecondation a lieu au-dessus de la surface des eaux, sans doute afin que le pollèn pulvérulent des étamines puisse se disséminer dans l'air ; mais la maturation des graines s'accomplit au sein des eaux, et il en résulte que les fleurs, avant d'éclore, montent à la surface et s'immergent ensuite par des procédés très variés. Les Nymphœa, ces reines des eaux, qui joignent à leur extrême beauté des propriétés alimentaires des vertus salutaires et même un caractère sacré qui les faisait adorer des Egyptiens sous le nom de Lotus, les Nymphœa elèvent leurs fleurs au-dessus de leurs larges feuilles dès les premières heures du jour, et les retirent vers le soir.

Les Utriculaires ont leurs feuilles munies de vésicules a opercule mobile. Avant la floraison ces vésicules contiennent un mucus plus pesant que l'eau, qui tient les feuilles submergées, plus tard, un gaz leger remplace le mucus qui sort en soulevant l'opercule, la plante s'élève à la surface, et la floraison s'opère ; ensuite la plante sécréte de nouveau du mucus dans les utricules et elle redescend au fond des eaux où ses graines mûrissent et se resèment.

L'intelligence souveraine qui se décèle dans ce phénomène se manifeste bien autrement dans la floraison de la Valisnérie, plante aquatique et dioïque. Les fleurs à pistils sont portees sur un pédoncule fort long, roulé en spirale au fond de l'eau. Lorsqu'elles sont au moment de s'épanouir, la spirale se déroule jusqu'à ce que la fleur soit parvenue à la surface. Les fleurs a étamines sont très-petites, très-nombreuses et portées sur des épis qui sont submergés ; mais à l'époque où elles éclosent elles se détachent, montent à la surface, y flottent, et leur pollèn parvient aux fleurs à pistils qui bientôt après rentrent au fond de l'eau et mûrissent leur semence

Tous ces mouvements exécutés par les étamines et les pistils ont bien de l'analogie avec ceux que l'instinct vital produit dans les animaux inférieurs ; ils sont également coordonnés aux fonctions de ces organes.

Les fleurs présentent avec les insectes des harmonies moins nombreuses que les feuilles, mais aussi dignes d'attirer notre attention Comme elles sont investies de fonctions plus importantes, comme une seule d'entr'elles contient souvent les germes nombreux d'une nouvelle génération, elles ne sont pas abandonnées à la voracité de ces petits animaux, exposées à une destruction complète ; au moins n'est-ce que rarement qu'elles en sont dévorées ; elles n'en offrent pas moins des aliments à de nombreuses tribus ; mais ce sont les sucs de leurs nectaires qui leur sont enlevés, sans en éprouver de dommage. Elles nourrissent la plupart des insectes munis de trompe, les immenses essaims de Mouches, les Papillons qui viennent butiner au fond de leurs corolles. Elles fournissent aussi leur pollen aux Abeilles qui le convertissent en cire.

FRUITS.

Le fruit ou carpelle qui, en théorie, est une feuille transformée, repliée sur les bords, est en même temps la réunion de l'ovaire devenu le péricarpe (l'enveloppe), et de l'ovule devenu la graine ; le fruit est le but dernier de la végétation, le point de départ d'une autre génération. Son importance est attestée par les soins infinis avec lesquels la Providence le protége dans son accroissement. Du moment qu'il se forme, tous les sucs qui nourrissaient également toutes les parties de la fleur se dirigent, se concentrent sur l'ovaire, l'alimentent, le développent et le mûrissent Ses modifications innombrables nous présentent les formes, les couleurs, les parfums, les saveurs les plus suaves. Aux fruits de nos arbres et arbrisseaux dont nous voyons chaque année se dérouler la guirlande savoureuse viennent se joindre ceux de nos plantes herbacées : la Fraise printanière, délicieuse, salubre, le Melon parfumé qu'enflent les chaleurs de l'été pour rafraîchir notre sang enflammé; l'Ananas, plus beau encore qu'il n'est excellent, et qui, trouvant dans nos serres chaudes la température de l'Inde, y mûrit comme la Goyave succulente aux Antilles, le Pamplemousse à l'Ile-de-France, comme la Noix du Cocotier qui fournit le lait et le beurre, le Palmier qui donne le vin, l'Arbre à pain et le fameux Lit-Chi, délices des Chinois.

Les fruits ont été doués de toutes ces qualités nutritives et salutaires, sans doute parce qu'ils étaient l'unique aliment destiné à l'homme sorti des mains de son Créateur ; ils sollicitaient sa main par la séduction de tous ses sens; ils s'adaptaient à tous ses besoins; ils étaient en harmonie avec la simplicité, le calme, la mansuétude de ses goûts. Ils ne lui coûtaient aucun effort, ils le laissaient en paix avec les animaux sur lesquels il exerçait un bienveillant empire Dans les bosquets d'Eden, nos premiers parents,

> Délices l'un de l'autre, honneur du genre humain
> Erraient parmi les fleurs en se donnant la main.
> . . . .
> Grâce aux soins journaliers de leurs doux exercices,
> Leur soif a ses plaisirs, leur faim a ses delices ;
> Simple était leur festin · les arbres complaisants
> Eux mêmes de leurs fruits leur offraient les présents ;
> Et s'inclinant vers eux les branches tributaires
> Font hommage à leur roi de ces dons volontaires. (1)

---

(1) So hand in hand they pass'd, the loveliest pair
That ever since in love's embraces met.
. . . .
. . . And after no more toil
Of their sweet gard'ning labor than suffic'd
To recommend cool zephyr, and made ease.
More easy, wholsome thirst and appetite

Les fruits et les graines présentent encore un grand intérêt dans les moyens de dissémination dont ils sont pourvus et qui sont admirablement en harmonie avec la station naturelle des plantes. Ceux qui appartiennent aux plaines sont emportés au loin surtout par les oiseaux qui dispersent les noyaux, les baies, les glands, les faînes, les chataignes. C'est ainsi que le Geai, *Picus glandarius*, est spécialement chargé de semer le Chêne; le Bec croisé, de transporter le Pin en extrayant les pignons des cônes qui les renferment, au moyen de ce bec en apparence difforme, mais admirablement adapté à cette destination. D'autres graines sont renfermées dans des enveloppes élastiques qui, au moment de la maturité, s'ouvrent avec explosion, et les lancent dans l'espace; telles sont la Balsamine, le Concombre sauvage, le Genêt à balais. D'autres encore sont hérissées de crochets ou couvertes de substances cotonneuses de manière à s'attacher aux animaux qui les touchent et qui les transportent avec eux, comme les graines de la Bardane, de la Clématite, de l'Aigremoine.

Les graines des plantes riveraines sont conformées pour se disséminer en voguant. Elles suivent les courants des ruisseaux, des fleuves, des mers mêmes, jusqu'à ce qu'elles abordent sur des côtes quelquefois lointaines; elles surnagent conformées en bateau, en gondole, en radeau. Ainsi naviguent celles de la Capucine munies de leur quille; celles du Fenouil creusées en canot; les capsules du Martynia qui se relèvent en pirogues; les étroites gousses du Mimosa qui s'allongent en esquif; les gros fruits du Cocotier sont entraînés par les courants des mers vers des rives étrangères.

More grateful, to their supper fruits they fell,
Nectarine fruits, which the compliant boughs
Yelded them, side long as they sat recline,
On the soft downy banck damask'd with flowers.
    Paradise lost.

Les végétaux des montagnes, soumis également à la loi de la dissémination, ont des graines coordonnées à l'air, aux vents chargés de les disperser. Comment pourrait-on méconnaître cette destination dans toutes celles dont les aigrettes légères sont façonnées en parachute et remplissent toutes les conditions pour les porter longtemps dans les airs. Il en est de même de celles qui sont munies d'ailes membraneuses, comme celles de l'Erable, du Tilleul, de l'Orme, de l'Aristoloche, qui volent au loin portées par les vents. Celles de ce dernier arbrisseau ne sont pas les moins remarquables par toutes les péripeties qu'elles éprouvent avant leur maturité et leur dispersion à l'aide d'une membrane papyracée qui fait defaut, comme inutile, aux graines avortées.

A toutes ces harmonies joignons celles que les fruits et les graines présentent avec le règne animal. Autant nous avons vu les fleurs interdites pour ainsi dire aux animaux, ou ne leur permettant que d'innocents larcins, autant les fruits leur sont abondamment accordés pour être leur principale nourriture. La nature se montrait avare des fleurs dont une seule produit jusqu'à 500 graines (1); elle est prodigue des graines qu'elle a multipliées à l'infini, afin d'en faire à la fois un vaste banquet pour les animaux, et d'obéir au précepte divin : « Croissez et multipliez. »

Les insectes qui se nourrissent de graines nous causent des dommages qui réclament tous nos soins pour en atténuer la gravité. La Calandre du blé, le plus redoutable de ces déprédateurs, infeste nos greniers. La femelle pénètre dans les tas de blé, dépose un œuf sous la surface d'un grain qu'elle a piqué, ayant l'instinct de boucher l'ouverture d'une sorte de gluten qui la rend imperceptible. La larve éclot, ronge la substance farineuse, en occupe l'espace à mesure qu'elle croît, de manière à le remplir

---

(1) **Le Pavot**

complètement quand elle a atteint le terme de son développement. Elle subit ses métamorphoses dans sa demeure réduite à une mince pellicule et elle en sort en y perçant une ouverture de sa trompe. Les générations se succèdent si rapidement que, d'après un calcul de Degeer, un seul couple peut donner naissance en une année à 23,600 individus.

D'autres insectes exercent également des ravages sur les graines de nos légumineuses.

Après avoir considéré dans les plantes les harmonies qu'elles présentent entr'elles, nous examinerons les relations qu'elles ont avec l'homme, avec ses besoins, son esprit, son imagination, sa mémoire, son cœur. Ce ne sera qu'une légère esquisse, mais celle d'un immense tableau, s'étendant à l'humanité tout entière, et nous retraçant a chaque trait les bienfaits de la Providence.

Les plantes répondent à la plupart des besoins de l'homme. Elles lui fournissent ses aliments, soit directement, soit indirectement en constituant la nourriture des animaux qui font partie de son alimentation. Les Céréales, c'est-à-dire le Blé en Europe, le Riz en Asie, le Maïs en Afrique et en Amerique en sont la base providentielle; les plantes potagères et les fruits y apportent leur précieux contingent.

C'est aux plantes que l'homme doit les principaux moyens de rétablir sa santé. Elles sont douées des vertus appropriées à toutes les altérations; les douces Malvacées sont pectorales, les aromatiques Labiées sont stimulantes, les amères Gentianées sont toniques, les âcres Crucifères anti-scorbutiques. A chaque famille la Providence a attribué une qualité salutaire qui nous est généralement révélée par l'odeur et la saveur et que nous retrouvons plus ou moins dans toutes les espèces répandues sur la surface du globe. Chaque plante est, en quelque sorte, un genie bienfaisant qui nous offre son secours contre une des nombreuses infirmités humaines.

Ce sont également les végétaux qui fournissent la plupart des matériaux à l'industrie humaine : le bois à ses constructions ; le fourrage à la nourriture de ses bestiaux ; le Lin et le Coton à ses tissus, sans compter la laine et la soie qui proviennent d'animaux nourris de substances végétales ; le Sésame, le Colza, le Pavot à son éclairage et à toutes les autres utilités de l'huile, l'Indigo, la Garance, la Cochenille à ses teintures ; les gommes et particulièment le Caout-chouc à une multitude toujours croissante d'usages ; la Canne à sucre et sa rivale indigène, aux mille combinaisons qui flattent notre friandise ; toutes les fibres végétales à l'industrie du papier dont on use et abuse si amplement.

Les plantes sont en harmonie avec l'esprit de l'homme par tous les éléments qu'elles offrent à son désir insatiable de savoir, et il en est résulté la science de la botanique, cette science charmante qui s'exerce sur les fleurs, qui s'étudie en parcourant les riants bosquets, les prés émaillés, le bord des ruisseaux. Depuis Théophraste, l'ami d'Aristote, qui l'a fondée et inaugurée par un chef-d'œuvre et qui a décrit les 200 espèces alors connues, jusqu'à l'époque actuelle où elle en compte 90,000, elle s'est accrue, développée, ramifiée par les travaux d'une multitude d'hommes tels que Dioscoride, Pline, Gessner, Linnée, Tournefort, les Jussieu, de Candolle, qui ont étudié, nommé, décrit, classé, figuré les plantes, qui ont découvert les fonctions de leurs divers organes, qui les ont cherchées et recueillies dans toutes les parties du globe, qui en ont appliqué l'étude à l'agriculture, à l'horticulture, à la zoologie sous le rapport surtout de l'entomologie et surtout à la médecine à laquelle elles prodiguent toutes leurs vertus.

La botanique, toujours attrayante, a dû une grande popularité à Linnée dont le système sexuel facilitait l'étude des plantes encore médiocrement nombreuses à cette époque. La méthode naturelle introduite par Bernard de Jussieu eut ensuite le mérite de les ranger dans l'ordre que la nature leur a assigné. Actuellement, c'est surtout l'attrait de la difficulté vaincue qui entraîne les esprits vers cette vaste science, devenue abstruse et très complexe. En effet, elle se présente escortée des profondeurs quelquefois mystérieuses de la physiologie végétale, des complications de la classification, de la multiplicité des familles et des genres, du nombre infini des espèces, de la nécessité d'une nomenclature accablante pour la mémoire ; elle exige le devouement le plus complet de ses adeptes, pour suivre dans leur essor les sommités actuelles de la botanique telles que de Candolle, Lindley, Mirbel, Mohl. Il est même devenu impossible de cultiver la science tout entière, et chaque partie est devenue l'objet des études spéciales d'hommes supérieurs. C'est ainsi que M. Brogniard a dirigé ses travaux sur les végétaux fossiles, M. Meyer sur la géographie végétale, MM. Richard, Mohl, R. Brown sur la physiologie végétale, M. Cassini sur la grande famille des plantes composées, MM. Eckardt, Bisschoff sur les Cryptogames. Cette dernière branche a même été subdivisée et nous avons vu Fries proclamé le prince des Mycologues. (1)

Parmi les plaisirs de l'esprit que donnent les plantes, nous ne pouvons omettre celui des herborisations, ces excursions qui ont tant d'attraits pour le botaniste, qui lui procurent à la fois le charme d'une promenade avec des amis partageant ses goûts, dans les prés émaillés de fleurs ou les bois qui couvrent le

---

(1) Ce surnom a donné lieu, il y a quelques années, à une méprise asez plaisante. Fries était arrivé à Paris, fort connu des savants, mais peu des libraires. Un de ces derniers ayant appris d'un botaniste que Fries, prince des Mycologues était à Paris avec l'intention de publier l'un de ses ouvrages, conçut l'espoir d'en devenir l'éditeur, s'informa de l'adresse du prince, et, après avoir fait la toilette la plus soignée, se rendit à son hôtel. Il demande au concierge : Fries, prince des Mycologues ; on lui répond que l'on ignore si M. Fries est prince, qu'il n'en a ni l'air ni le train, mais qu'il est logé au quatrième ; le libraire monte, étonné de la modestie du grand personnage, il sonne et il est introduit par Fries lui-même dans une humble chambre encombrée de livres et d'une multitude de Champignons, sans compter les Mucor qui tapissaient les murs. Le libraire alors s'incline devant la science et il se rappelle que toutes les grandeurs ne sont pas celles qu'un vain peuple honore.

flanc des montagnes, la jouissance que donnent la rencontre d'une plante que l'on trouve pour la première fois, d'une autre que l'on possède à peu près seule, d'une autre encore qui présente quelqu'observation inédite à faire. Je ne parle pas de la joie de découvrir une espèce nouvelle. C'est un morceau de prince auquel il ne faut plus guères penser en Europe. Quel plaisir pendant les haltes de se montrer réciproquement ses trouvailles, renfermées dans les cylindres métalliques, de s'en raconter les circonstances, d'échanger les échantillons doubles, afin d'accroître ses richesses. Après un repas sur l'herbe, assaisonné d'un appétit dévorant, on se remet en course jusqu'au coucher du soleil ; on suit le bord des eaux, on se hasarde dans les marais, on s'enfonce dans les ravins, on gravit les monts escarpés au risque de subir le sort de Bastard d'Angers qui, en escaladant un rocher, tomba à plus de 60 pieds dans un gouffre où, le corps fracassé, il gisait mourant à 24 ans, victime de la science, sans espoir de jouir de ses jeunes travaux, de revoir sa mère, son ami, lorsque le troisième jour son chien fidèle, guidé par l'instinct si sûr de l'affection, découvrit le lieu fatal, le révéla à cet ami, l'y entraîna en le tirant par ses vêtements et partagea avec lui le bonheur d'arracher Bastard à la mort.

Les herborisations, pour être aventureuses, n'en sont que plus attrayantes. Avec quelle ardeur n'ont pas été entreprises celles de tant de botanistes dans toutes les parties du globe, d'Auguste St.-Hilaire au Brésil, d'André Michaux dans l'Amérique septentrionale, de Wallich, dans l'Inde, de Blume et Fischer, à Java, de MM. Guillemin, Pérusset et Richard, dans la Sénégambie, de Siebold, au Japon, de Labillardière, à la Nouvelle Hollande. C'est à ces hommes intrépides que nous devons le grand essor que la science a pu prendre et tous les trésors de nos herbiers, de nos serres, de nos jardins, cette multitude de fleurs charmantes qui nous prodiguent tant de jouissances.

Nous devons à nos souvenirs classiques la jouissance de retrouver dans un grand nombre de plantes des noms qui nous rappellent des vers harmonieux de nos auteurs favoris, Virgile, Horace, Ovide, qui étaient animés d'un sentiment si vif des beautés de la nature. Ils ont souvent donné du charme même aux herbes les plus humbles. C'est ainsi que Virgile représente Thestylis broyant le Serpolet avec l'Ail pour rafraîchir les moissonneurs accables par la chaleur :

> Thestylis et rapido fessis messoribus æstu
> Allia Serpyllumque herbas contundit olentes.

Ailleurs, le poète conseille de placer les ruches près du Daphné, du Serpolet, de la Sarriète et des Violettes dont les abeilles recherchent les fleurs :

> Hæc circum casiæ virides, et olentia latè
> Serpylla, et graviter spirantes copia Thymbræ
> Floreat, irriguumque bibant Violaria fontem.

Ailleurs, le mot Acanthe entoure les anses de deux coupes ciselées par Alcimédon :

> Et nobis idem Alcimedon dua pocula fecit,
> Et molli circum est ansas amplexus Acantho.

Martial demande pourquoi la Laitue qui terminait autrefois les festins, les commence maintenant :

> Claudere quæ cœnas Lactuca solebat avorum
> Dic mihi cur nostros inchoat illa dapes?

Un berger de Virgile compare Galathée au Thym du mont Hybla :

> Nerine Galathea, Thymo mihi dulcior Hyblæ,
> Candidior cycnis, hederá formosior albâ.

Les images gracieuses que nous puisons dans ces reminiscences juvéniles, répandent sur les plantes un charme ineffaçable.

Mais, s'il est possible de donner plus d'attraits aux plantes, c'est d'y joindre celui de l'entomologie ; c'est de considérer les plantes dans leurs nombreuses harmonies avec les insectes qui y puisent leurs aliments, y construisent le berceau de leurs petits, y manifestent le prodige de leur instinct. Unir les végétaux aux insectes, c'est introduire sur une scène admirablement décorée, mais inoccupée, les acteurs qui y répandent le mouvement et l'action ; c'est mêler à l'intérêt que nous inspirent les phénomènes de la vie végétative, celui que nous trouvons dans la vie animée par toute la vivacité du sentiment. Nous avons à citer un exemple remarquable de cette réunion des deux sciences en M. Léon Dufour qui, après avoir cultivé exclusivement la botanique, y a joint l'entomologie, de manière à connaître également les plantes et les insectes qui en dévorent les racines, qui en sillonnent l'écorce de leurs galeries, qui en attaquent les feuilles, soit en les rongeant, soit en y vivant en mineurs entre les deux membranes, soit en y produisant, par la succion de la sève, des tumeurs souvent régulières et élégantes, qui en recherchent les fleurs pour y puiser le doux suc des nectaires, qui prélèvent leur part au grand banquet des fruits par mille manœuvres que nous devons souvent combattre pour en préserver les produits de nos cultures.

Quelle que soit l'insuffisance de mes connaissances botaniques, j'ai goûté moi-même bien des jouissances dans mes recherches des plantes considérées sous le rapport de leurs insectes. Depuis les observations, qu'en 1819, les Mélèzes du jardin de mon père m'ont donné l'occasion de faire sur les mœurs des Psylles de cet arbre (1), j'en ai recueilli dans plusieurs parties de la France, telles que la belle fôret de Fontainebleau, dans la Belgique, la Hollande, l'Allemagne, la Suisse, la Savoie. Il me souvient, par exemple, de l'exploration que j'ai faite sur le St.-Gothard, en y allant d'Altorf. Après avoir traversé jusqu'à onze fois la Reuss sur des ponts plus ou moins hardis, tels que le pont du Diable où cette rivière, ou plutôt ce vaste torrent, se précipite comme une

---

(1) Voyez le mémoire inséré dans les annales de la Société des Sciences, de l'Agriculture et des Arts de Lille, année 1819

cataracte immense, de rocher en rocher, avec un fracas assourdissant ; après avoir pénétré dans le ténébreux Urnerloch, creuse dans les profondeurs du Teufelsberg, je me trouvai tout-à-coup dans les prés riants et fleuris d'Andermatt et près des ruines du vieux château d'Hospen. Là, au milieu de la végétation la plus variée, la plus splendide, entouré d'une abondance extrême de fleurs, je trouvai une Faune plus riche encore que la Flore et supérieure à tout ce que j'avais vu (1). C'est un bruissement, un murmure, un bourdonnement incessants, un vol continuel de nombreux essaims qui planent immobiles ou se précipitent avec impétuosité, ou voltigent ou se balancent autour de leur berceau. Les feuilles de la Renoncule âcre sont minées par les larves de la Phytomyze jaune, qui y creusent des galeries tortueuses ; celles du Myriophyllum sont habitées par les larves du Phytobius notatus, qui sont dépourvues de pieds, mais qui sécrètent une humeur visqueuse qui les y retient et forme plus tard la coque des nymphes ; la tige de la Salicaire à feuilles d'Hysope reçoit les œufs de la Nanophye hémisphérique, qui produisent une tumeur galliforme dans laquelle vivent les larves ; les bourgeons terminaux du Thym sont piqués par une Cécidomyie, et l'œuf qui y est déposé produit une galle en forme de petits artichauds velus et feutrés ; les capitules bleus de l'Echinops sont envahis par les larves du Larinus maculosus, qui les déforment et s'y creusent de vastes cellules, dans lesquelles elles opèrent leur métamorphose ; les boutons de la fleur de l'Hélianthème alyssoïde servent de berceau aux œufs de l'Apion rugicolle, les larves rongent les étamines et l'ovaire et se transforment dans la fleur même qui, ne s'ouvrant pas, leur forme une coque ; la partie supérieure de la tige du Céraiste est dépositaire d'un œuf de Psylle ; elle se raccourcit et s'enfle par la succion de la larve, les feuilles calicinales prennent

---

(1) M. Bremi, entomologiste distingué de Zurich, m'a affirmé qu'il avait capturé 1500 insectes d'un seul coup de filet dans ces mêmes lieux.

la forme d'un chaperon, les petales deviennent vertes, dépassent la grandeur ordinaire et prennent des formes irrégulières ; enfin la capsule s'enfle et devient gibbeuse. Il semble, à voir le nombre immense des insectes qui vivent aux dépens des plantes, que le règne végétal ne puisse leur suffire, et cependant ils ne portent aucune atteinte à l'ensemble du tableau et ne font qu'y répandre le mouvement et en accroître l'intérêt.

Enfin les plantes et surtout leurs fleurs s'harmonisent avec notre âme par tous les sentiments qu'elles éveillent en elle. Chaque année, nous voyons avec un doux plaisir, dans nos vergers, dans nos bosquets, reparaître les premières fleurs printanières, les Primevères, les Paquerettes, les Violettes, les Narcisses. Avec quel charme n'assistons-nous pas au développement successif de toute la couronne de Flore depuis la Perce-Neige jusqu'à la Rose de Noël ! Toutes ont quelque chose d'agréable à nous dire, toutes recherchent nos regards ; celles même qui se cachent veulent nous plaire par leurs parfums.

Les fleurs, la plupart bien modestes, que je cultive dans mon jardin de Lestrem (1), réunies dans de nombreux

---

(1) Lestrem me représente quarante ans de bonheur, suivis de larmes et de regrets jusqu'à la mort. Celle qui en faisait le charme était douée d'un jugement si sain, d'un sentiment si délicat, que toute sa vie en fut pour ainsi dire pénétrée, ainsi que d'une douce piété, puisée dans la maison paternelle. Ces qualités donnaient à toutes ses actions la droiture, la chaleur et l'élévation.

Elles se reflétaient dans sa physionomie bienveillante et animée, elles la rendirent tour à tour la sœur de charité de son vieux père, le judicieux conseil, la tendre amie de son mari, la sage et zélée directrice de l'éducation de ses filles qui, confiée à la religion, répondit à ses pieuses espérances, et elle eut la satisfaction d'accomplir la tâche laborieuse que lui avait imposée sa sollicitude maternelle. Une charité éminemment chrétienne se répandait dans ses discours et ses actes, présidait à ses travaux manuels, et de larges distributions de vêtements la faisaient bénir des nombreux indigents de Lestrem dont elle soulageait en même temps les misères morales. Elle exerçait l'hospitalité comme au bon vieux temps dont son gothique castel était un vestige. La fraîcheur des bosquets, la limpidité des eaux,

massifs, me sourient chacune à sa manière (1).

Les plantes sont souvent pour nous des symboles dont le langage intéresse notre âme. Le Lierre est celui de l'amitié; la Rose, du plaisir; la Palme, de la gloire; l'Immortelle nous parle de l'éternité; la Germandrée nous dit : *Ne m'oublie pas* (*Vergiss mein nicht*); le Lys est l'emblème de la pureté et aussi de ce beau pays de France dont il paraît l'écusson royal que St.-Louis, Henri IV, Louis XIV, ont tant illustré. La Grenadille expose à

---

le charme des fleurs, la bonté des fruits, étaient en harmonie avec l'aimable nature de l'excellente châtelaine.

Ce séjour, naguère encore celui du bonheur, est devenu celui d'une profonde tristesse; tout y est sombre et douloureux ; les réunions de famille, qui étaient si joyeuses, n'y font plus entendre que des gémissements. Les pauvres pleurent leur bienfaitrice ; mais une mort chrétienne, précédée d'une vie pure et vertueuse, adoucit l'amertume des regrets, et la prière au pied de la croix qui s'élève sur sa tombe monte avec confiance vers le ciel.

(1) Dans l'un des groupes, à côté des Coreopsis, des Hortensia, des brillantes Verveines, le Lopézia me montre sa petite figure agaçante dans son irrégularité, le Lobelia m'éblouit de sa pourpre éclatante, le Dielythra déroule sa charmante guirlande de fleurs semblables à des cœurs réunis par un lien commun; l'Escholtzia de la Californie me prodigue l'or de sa corolle.

Dans un autre massif situé près d'un Marronnier au vaste feuillage, j'ai réuni des arbrisseaux à des plantes vivaces. Le Benthamia, le Neillia, l'Aristotelia, le Photinia au beau feuillage, le Thermopsis arborescent, le Deeringia, le Callicarpa étoilé, l'Indigofera, le Stranvasia, le Bridgesia, l'élégante Synantherée, le Stuartia, l'Adamia aux baies azurées, mêlent leurs fleurs et leur feuillage lustré aux touffes de Lys, d'Hémérocalles, d'Iris, d'Agapanthe, le Yucca me montre sur sa tête charmante sa large pyramide de cent-cinquante grandes fleurs blanches, gracieusement inclinées. Près de là, la terre de bruyère se pare des fleurs des admirables Magnolia, des Rhododendrum, des Kalmia, des Azalea, des Weigelia, des Rhodora, des Clethra au doux parfum, des Mitraria écarlates, des Menziezia aux fleurs de Muguet.

Plus loin, un pavillon oriental, situé près d'un large canal d'eaux limpides, bordé de hauts peupliers, présente un appui aux arbustes grimpants. La Glycine y fleurit à côté de la belle Clématite de Siebold, de l'Aristoloche dont la fleur a la forme d'une pipe allemande ; du Kadsura aux fruits pourprés ; du Boussingaultia, de l'Akebia, du Physianthus aux fleurs blanches, élégantes ; du Wisteria, délices des Japonais, du Tecoma aux fleurs de Cinabre, du Smilax des

notre vénération les insignes de la Passion du Sauveur des hommes.

Et la Pensée, l'une des belles conquêtes de l'horticulture actuelle, produite par l'heureuse alliance de l'humble fille de nos bois avec celle des hauteurs de l'Altaï, embellie en Angleterre par les soins de l'aimable fille du comte de Tankerwill, perfectionnée par son introduction en France. De ces divers éléments de beauté s'est produite cette fleur charmante, sym-

---

Chinois, aux racines sudorifiques; du Calystegia, ce charmant Liseron double aux drageons envahissants.

Non loin du courant sinueux des Anettes, j'ai planté un massif d'arbres résineux, composé de Cèdres du Liban et Deodar, de l'élégant Cryptomeria, du Gingho biloba, du Podocarpus, du Callitris, de l'Araucaria, du Taxodium, du Cephalotaxus, du Libocedrus, qui servent d'abri contre le vent du nord à divers arbrisseaux dont les jolies fleurs contrastent avec la sombre verdure des Conifères Tels sont le Leycesteria, le charmant Poinciana, le Pernettia, le Forsithia cultivé dans les jardins du Japon pour l'agrément de ses fleurs et les propriétés salutaires de ses graines; l'élégant Calophacea des bords du Volga; l'Ardesia des montagnes de l'Inde, le Corynocarpus, le Fabiana qui, par la finesse du feuillage, rivalise avec le Tamarisc; le Cleyera dont le fruit ressemble à la cerise, le Colletia, l'Abutilon aux cloches d'or veinées de bronze, l'Escalonia dont le port est si gracieux.

Autour du rustique parloir ombragé de beaux Platanes et consacré à l'amitié, se groupent de gracieux Fuchsia, des Abrotomus, des Pentstemum, des Clarkia, des Swainsonia, des Erigerons, ces Paquerettes aux cent rayons; des Viscaria vernissés, des Gaillardias à la cocarde espagnole, des Siphocampylos mêlés aux touffes de Cuphea dont le petit masque noir et blanc est si piquant, des Bouvardia au tube écarlate, de Laperousia dont le nom rappelle un si douloureux souvenir.

Parmi les plus beaux végétaux que j'ai cultivés cette année, je n'hésiterai pas à nommer le Maïs gigantesque dont la graine tirée des îles d'Hyères m'a été donnée par M. de Courcelles, agronome distingué. On ne peut se figurer la beauté de cette plante qui, haute de quatre mètres, est surmontée d'une superbe aigrette d'étamines, qui porte plusieurs épis terminés par leur grand panache de stils pourpres et jaunes, et dont le magnifique feuillage, s'étendant en éventail de chaque côté de la tige, égale en beauté celui des végétations tropicales

Ce jardin, ces plantations, passeront bientôt en d'autres mains, mais les fleurs seront arrosées par la piété filiale, les arbres seront cultivés par la science forestière qui a administré avec tant de zèle les belles forêts de Fontainebleau, du Nivernais et de la Bresse.

bole de la pensée, soit par les couleurs mélancoliques de ses pétales violets, soit par l'expression de sa physionomie piquante, soit par l'air méditatif que lui donne son pédoncule incline, ou sa direction vers le soleil, qui fait allusion à la constance et à l'élévation de la pensée par excellence.

Les plantes parlent encore à l'âme par les souvenirs personnels qu'elles y réveillent; ces Mélèzes, ces Rhododendrum, me rappellent les dernières zones végétales que j'ai vues sur les flancs du Mont-Blanc avant d'arriver à la mer de glace; cette Gentiane au bleu si pur transporte ma pensée au grand St.-Bernard où j'ai admiré les prodiges de la charité chrétienne Ce Kalmia latifolia m'a été donné par M. Dumont de Courset, le père de l'horticulture française; cette Hémerocalle du Japon, au parfum suave, est un souvenir de M. De Norguet dont les plantes chéries restent cultivées par le sentiment le plus tendre. Ce Géranium à feuilles de Lierre est un gage de la constante amitié de mon frère (1) dont la mort m'a coûté tant de larmes.

---

(1) Cette mort a terminé récemment une de ces existences calmes, douces, heureuses, trop rares dans notre siècle turbulent, ennemi du repos, avide d'or et de jouissances matérielles. Ce bonheur, fondé sur les bases les plus solides, la modération dans les désirs, l'absence de l'ambition, la vertu, la religion, a été à peine interrompu par le passage à celui qui ne doit pas finir.

M. Louis Macquart de Terline, doué de la délicatesse de l'esprit, de la grandeur de l'âme, de la sensibilité du cœur, manifesta pendant toute sa vie ces qualités par ses goûts et ses affections. Ses goûts, toujours vifs, le portèrent vers la poésie pendant la jeunesse, riche d'imagination, vers la culture des fleurs pendant l'âge mûr et jusqu'à la mort.

D'excellentes études au collége de St.-Pierre, à Lille, quoiqu'interrompues par la tourmente révolutionnaire, développèrent sa verve poétique, qui, répandant son enchantement sur sa jeunesse, charma en même temps ses nombreux amis. Il cultiva surtout la poésie légère, sans déroger cependant à la loi, alors en usage, de se hasarder dans la tragédie.

Il fut admis dans un petit cercle poétique de la capitale dont faisait partie M. de Faucompret, son parent, qui devait être plus tard traducteur de Walter

Souvent les plantes nous intéressent par les noms qui leur ont été donnés. Nous aimons à retrouver dans les fleurs les demi-dieux et les héros de la Grèce, Hercule, Achille, Hyacinthe, Adonis, Artemise, dont les noms sont d'ailleurs si euphoniques. Les anciens avaient aussi appelé quelques plantes d'après les qualités dont elles étaient douées. Ainsi le Tussilage qui chasse la toux, le Dipsacus qui guérit de la soif (1), la Chelidoine dont la

---

Scott. Chaque membre de la société se soumettait à traiter le même sujet, choisi et proposé par un comité qui se constituait ensuite en jury pour juger le mérite des compositions. Au nombre des juges se trouvait Geoffroy, le célèbre aristarque dont les feuilletons influèrent sur la renaissance du goût littéraire en France.

Ces concours stimulèrent le talent de M. Macquart qui fut plusieurs fois vainqueur dans la lice, et quelques-unes de ses poésies furent imprimées dans les recueils du temps.

Lorsqu'il sentit s'affaiblir son imagination juvénile, il en vint à négliger ces fleurs de la pensée pour les fleurs de la nature, et il les cultiva à leur tour avec la même ardeur. Il réunit au-delà de 3000 espèces de plantes dans ses jardins d'Hazebrouck et ensuite de Blendecques. Il prit plaisir à grouper par familles les arbres et arbrisseaux, à présenter par ce rapprochement la diversité de la forme jointe à l'unité du fond, et à faire de ses collections un sujet précieux d'études botaniques.

Les fleurs l'intéressaient surtout par la grâce, la délicatesse, la beauté dont elles sont à la fois des spécimens et les symboles. Il les scrutait dans les phénomènes de leur développement, dans les mystères de leurs amours, dans les berceaux de leur postérité, et cette étude charmante était pour son esprit et son cœur encore de la poésie.

La vivacité que M. Macquart portait dans ses goûts était la même dans ses affections; il avait pour sa famille et ses amis une tendresse et un dévouement inaltérables; il aimait son pays comme le font tous les cœurs bien nés; mais il se défendit toujours d'accepter des fonctions publiques. Cependant, s'il ne se rendait pas utile officiellement, il s'en dédommageait par tout le bien qu'il faisait autour de lui: il soulageait toutes les misères, il touchait toutes les plaies pour les guérir. Dernièrement encore, on lui proposait une acquisition: Non, répondit-il, notre superflu appartient aux pauvres.

Cette ardente charité lui était surtout inspirée par le sentiment religieux dont il fut pénétré toute sa vie et qu'il transmit à ses enfants.

(1) Il guérit de la soif au moyen de ses feuilles, opposées et réunies de manière à former une écuelle où se conservent les eaux pluviales.

floraison dure autant que le séjour des hirondelles; le Geranium dont le pistil s'allonge en bec de grue; l'Anémone qui s'épanouit au souffle du vent; l'Amarante qui ne se flétrit pas; la Sauge (Salvia) qui doit son nom à ses vertus si salutaires, qu'elle donna lieu au distique de l'école de Salerne :

> Cur moriatur homo cui Salvia crescit in horto ?
> Contra vim mortis non est medicamen in hortis.

Les modernes, et surtout Linnée dont l'imagination était si poétique, ont trouvé également des noms qui plaisent par leur signification. Ainsi il a donné celui de Silène à des fleurs dont le calice est ventru; le nom d'Agavé qui déchira son fils Penthée, à des plantes dont les feuilles sont épineuses; celui d'Atropos à une herbe vénéneuse.

Commerson a donné le nom de Danaïde a des fleurs dont les organes femelles étouffent les organes mâles.

M. Adrien de Jussieu a nommé Janusia un genre dont les fleurs ont un double visage.

Nous aimons également à rencontrer chez les plantes les noms d'hommes qui ont honoré la science, au moins lorsque ces noms peuvent se traduire dans la langue botanique, tels que Linnœa, Magnolia, Bignonia, Lobelia, Gessneria, Lindleya; c'est un hommage dicté par la reconnaissance et la vénération; mais l'adoption de cette nomenclature *personnelle* a eu un grave inconvénient. A côté de ces noms que nous prononçons avec plaisir, se sont glissés une foule d'autres, rocailleux, barbares, antipathiques au moins aux oreilles françaises, tels que Knowltonia, Bruckenthalia, Trautvetteria, Kierschlegeria, Zauschneria, Krynitskiia, Pullertickia, Schlechtendalia, Kosteleskia, Benninghausenia, Krascheninikovia, et une multitude d'autres de la même nature.

Ces noms, qui déchirent la langue et l'oreille, ont discrédité la botanique, ils lui ont enlevé le charme poétique qui s'attache aux fleurs; ils y ont substitué le ridicule, ils l'ont dépopularisée, ils l'ont fait reléguer parmi les sciences inaccessibles au public ; ils ont enfin fait désirer une réforme qui la fasse proclamer de nouveau l'aimable Science.

Les plantes enfin excitent en notre âme la reconnaissance envers la Providence pour tous les biens dont elles sont les dispensatrices ; ornements de la terre dont elles recouvrent la nudité par les riches tapis de ses pelouses et de ses moissons, par les somptueuses draperies de ses épaisses forêts, elles nous charment par leurs fleurs, forment la base de notre nourriture et celle de nos bestiaux, sont en harmonie avec tous nos besoins, toutes nos industries, et nous révèlent plus intimement que la terre et les cieux, les trésors de la bonté suprême.

Les insectes qui sont les hôtes les plus ordinaires des plantes occupent la scène végétale qui sans eux serait admirablement décorée, mais déserte et inanimée. Leurs dimensions sont en harmonie avec les feuilles et les fleurs sur lesquelles ils vivent. Ils y naissent le plus souvent, s'y nourrissent, s'y développent, s'y livrent à leurs merveilleuses industries, à leurs ardentes amours, à leurs combats acharnés ; ils y construisent avec toute la sollicitude du sentiment maternel le berceau de leur famille. Investis à l'égard des plantes de la haute mission de maintenir l'équilibre entre les espèces, en arrêtant les végétations luxuriantes, ils nuisent à la vérité à nos cultures et nous obligent à leur disputer nos récoltes ; mais ils nous dédommagent de leurs déprédations par de précieuses productions : la soie, la plus belle des matières textiles ; le miel, la plus douce des substances alimentaires ; la cochenille, la plus riche de nos couleurs, et la cire qui brûle sur nos autels, figure de l'ardente prière qui monte vers Dieu.

Je ne puis terminer cette introduction sans y consigner l'expression de ma reconnaissance envers mes amis les entomologistes qui m'ont encouragé par leurs suffrages ou qui m'ont fourni des matériaux. Je me bornerai à citer MM. Amyot, Mulsant,

L. Dufour, Perris surtout, qui a bien voulu m'adresser une longue série de ses observations inédites sur les insectes des plantes herbacées. Ses nombreuses découvertes sur les mœurs de ces petits animaux le placent au premier rang des émules de Réaumur, et l'histoire de ceux du Pin maritime dont il a commencé la publication dans les Annales de la Société entomologique, est un travail très-considérable qui contient une multitude d'observations nouvelles sur l'anatomie, la physiologie et les mœurs de ces insectes.

Et comment pourrais-je omettre M. Boyer de Fons Colombe, que la mort a enlevé récemment aux sciences naturelles et avec qui je m'honore d'avoir été pendant plus de vingt ans uni par les liens de la sympathie et de l'affection (1). Dans ses nombreux travaux, l'observation des phénomènes de la nature se joignait toujours au sentiment religieux; comme Linnée, il ne séparait pas la creature du Créateur; sa science alimentait sa piété, et autant sa vie a été pure, autant sa mort a été sereine.

---

(1) Il avait approuvé mon ouvrage sur les facultés intérieures des animaux invertébrés et avait proposé à Monseigneur l'archevêque d'Aix dont il était l'ami, de le mettre entre les mains de ses séminaristes. Sa Grandeur m'écrivit à ce sujet une lettre qui m'est précieuse.

PREMIER EMBRANCHEMENT.

CRYPTOGAMES.

VÉGÉTAUX A ORGANES REPRODUCTEURS ORDINAIREMENT CACHÉS.

Cette vaste classe de plantes précède dans la série ascendante les autres végétaux par la simplicité relative de leur organisation. Ainsi que leur nom l'exprime, les organes de la fructification, les *noces*, sont le plus souvent *cachés;* cependant, elles n'ont pu se dérober aux investigations microscopiques qui y ont fait découvrir de nombreuses modifications et une gradation organique analogue à celle que présentent les végétaux phanérogames. De la reproduction par les spores (graines) les plus simples, elles passent progressivement à des organes sexuels qui ont quelques rapports avec les pistils et les étamines, réunis ou séparés, quelquefois même portés sur des individus différents, comme dans les végétaux les plus fortement organisés.

Nous voyons également cette gradation dans l'ensemble de l'organisation. La série commence par les Cryptogames cellulaires, c'est-à-dire ceux qui sont composés uniquement de cellules et les Vasculaires, composés de cellules et de vaisseaux. Les Cellulaires, dès leur base, présentent deux séries parallèles, les Algues et les Champignons, suivies par les Mousses et les Hépatiques qui le sont, à leur tour, par les Vasculaires, c'est-à-dire les Characées, les Fougères et les Prèles.

La même gradation se manifeste encore dans l'ordre qui préside à l'apparition des Cryptogames, soit dans les eaux, soit sur les rochers nus, où les germes des espèces les plus simples se developpent toujours les premiers, de manière que nous voyons les Conferves suivies des Algues, les Lichens suivis des Champignons, pour arriver successivement au faîte de la nature Cryptogame. C'est une faible image de ce qui se passa pendant la longue durée du troisième jour de la création où Dieu dit : « Que la terre produise de l'herbe qui porte de la graine et des arbres. » (1)

Quelle que soit cette gradation et les différences qu'elle amène dans les organes, l'unité de composition se retrouve surtout dans ceux de la reproduction. Dans toutes les Cryptogames, les semences ou sporules sont enveloppées d'une capsule diversifiée de formes qui se distinguent entr'elles par les noms de spore, de sporidie, de thèque, d'involucre, de disque, de cornet, de coiffe, de conceptacle, suivant les classes de cette grande série qui comprend le quart du règne végétal.

La destination que la Providence a donnée aux Cryptogames est très-considérable dans l'économie générale de la nature; elle est d'une utilité très-diversifiée dans l'économie domestique. Sous ce dernier rapport, les Champignons nous présentent un aliment agréable, abondant et répandu sur une grande partie du globe; les Lichens offrent le même avantage, mais restreint aux contrées boréales; ils fournissent aux habitants de l'Islande une nourriture

---

(1) Cette succession de la création, si clairement énoncée dans la Genèse, s'est trouvée tellement confirmée par la science et particulièrement par la Géologie et la Paléontologie, que cette concordance frappe d'étonnement, et lorsque l'on voit que l'histoire des premiers peuples, l'ethnographie et la linguistique présentent la même concordance entre les récits de Moïse et les découvertes les plus récentes et les plus authentiques de ces sciences, ce n'est plus de l'étonnement que l'on ressent, mais la conviction la plus profonde que l'historien juif n'a pu écrire son livre que par l'inspiration divine, et c'est une des preuves les plus concluantes en faveur du christianisme dont ce livre est la base.

précieuse¹), comme ils sont l'unique aliment des rennes pendant les longs hivers de la Laponie. (2)

Une Fougère (3) sert d'aliment aux habitants de la terre de Diémen ; la Prêle des fleuves était un aliment des Romains et l'est encore en Toscane. (4)

Nous devons aussi des substances comestibles à la famille des Algues, ces plantes marines quelquefois si remarquables par leur grandeur et leur beauté. Tous les peuples du nord de l'Europe font usage des Ulves, plus connues sous le nom de Varecs. L'Ulve laitue se mange en salade en Angleterre ; une espèce, qui se couvre d'une efflorescence sucrée, porte le nom de Canne à sucre de l'Océan et tient lieu de cette substance en Islande. (5) C'est une autre espèce qui jouit d'une si grande célébrité dans tout l'Orient, sous le nom de Nid d'hirondelle.

Les Cryptogames fournissent également un grand nombre de substances utiles à l'art de guérir. Tous les maux physiques qui affligent l'humanité y trouvent des remèdes. J'en épargnerai l'énumération à mes lecteurs et à moi, et me bornerai à mentionner la Fougère qui chasse le ver solitaire, la Mousse de Corse des enfants, le sirop de Capillaire et la pâte de Lichen, qui sont moins un médicament qu'une friandise.

Les Cryptogames nous sont encore utiles sous beaucoup d'autres rapports ; nous donnons les Fougères comme fourrage et litière à nos bestiaux ; les cendres en sont utilisées dans la fabrication du savon, du verre, de la porcelaine.

Les Algues servent d'engrais sur les côtes de Bretagne, et s'ex-

---

(1) Cetraria islandica.
(2) Cladonia rangiferina.
(3) Roccella tinctoria. Acharius
(4) Pteris esculenta.
(5) Ulva saccharina.

ploitent en coupes réglées. On en extrait des alcalis et de l'iode ; on emploie comme combustible les tiges (stipes) de la Laminaire digitée.

C'est aux Lichens enfin que nous devons l'Orseille, cette matière colorante, déjà employée du temps de Théophraste, disciple de Platon, et qui surpassait en éclat la pourpre même. Recueillie primitivement sur les rochers de la Grèce, et depuis sur toute la côte occidentale de l'Afrique, aux Canaries, sur les sommités des Pyrénées et du Puy-de-Dôme, elle continue à donner aux tissus la couleur noble et modeste dont se parent nos premiers pasteurs.

La destination des Cryptogames, dans l'économie générale de la nature, se présente sous deux rapports. D'abord, comme fils aînés de la création végétale, c'est de leur détritus accumulé que s'est formé l'humus primitif dans lequel ont pu se développer les germes des végétaux plus composés ; c'est à leur nature rudimentaire que nous devons les fleurs, les fruits et le splendide manteau dont se couvre la terre. Ce grand phénomène des premiers jours du monde se renouvelle toutes les fois qu'un rocher s'élève au-dessus de la surface de l'Océan. Les germes des Lichens s'y fixent les premiers, produisent de larges expansions aux contours découpés, se glissent dans les moindres fissures, commencent à en détacher de faibles parcelles de silice, de calcaire, et laissent, à leur mort, par leur décomposition, une légère couche de détritus dont s'emparent les fines et moelleuses Mousses, auxquelles succèdent graduellement les Fougères aux frondes élégantes et, avec le temps, les plantes et les arbres phanérogames dont les graines sont apportées par les vents et les oiseaux.

La seconde destination générale des Cryptogames et particulièrement des Champignons dans la nature, est de hâter la dissolution de tous les végétaux qui ont cessé de vivre. Ils sont pour les plantes ce que les insectes sont pour les animaux : ils pullulent avec une grande puissance destructive ; ils complètent la décomposition des substances végétales dont les éléments doivent entrer dans d'autres combinaisons.

Quelquefois ils semblent empiéter sur cette attribution en attaquant les végétaux vivants, et ils nous nuisent encore par des multiplications excessives. C'est ainsi que nos froments sont dévastés par la Nielle (1), que nos seigles sont ergotés (2), que nos raisins sont envahis depuis peu par l'Oïdium, ce nouveau fléau de nos vignobles.

Les Cryptogames sont enfin, parfois, les parasites d'animaux vivants. On en a trouvé sur la membrane qui tapisse les poumons des Mammifères, dans la trachée-artère de petits oiseaux; les vers à soie sont en proie à la Muscardine (3). La chrysalide d'une Phalène de la Nouvelle Zélande, retirée dans la terre avant sa métamorphose, a quelquefois pour parasite la Sphæridia robertsii qui se fixe derrière la tête et jamais ailleurs. La Mouche végétante des Caraïbes est la nymphe morte et desséchée d'une Cigale qui porte sur son dos une espèce de Clavaire. La Mouche domestique est souvent, en automne, retenue aux vitres de nos fenêtres par sa trompe, engagée au milieu d'une touffe de Champignons semblable à une moisissure.

Mais, si les Cryptogames vivent parfois aux dépens des Insectes, les Insectes vivent bien plus souvent aux dépens des Cryptogames. Ces végétaux, et surtout les Champignons, sont le berceau et l'aliment d'une multitude d'espèces de Coléoptères et de Diptères, dont les larves se développent et y exercent quelquefois des industries fort singulières ; en un mot, les Cryptogames chargés de la dissolution des dépouilles mortelles des plantes le sont aussi d'alimenter la vie des animaux.

---

(1) Uredo carbo.

(2) Sclerotium clava.

(3) Maladie produite par l'invasion du Botrytis Bassiana.

PREMIÈRE DIVISION.

CRYPTOGAMES CELLULAIRES.

Ces végétaux, dont la contexture n'est formée que de tissu cellulaire sans vaisseaux ni trachées, comprennent trois familles : les Algues, les Champignons et les Mousses.

PREMIÈRE SOUS-CLASSE

ALGUES.

Végétaux cellulaires pourvus de gemmes (Gonidia) prolifiques vivant ordinairement dans l'eau.

Ce groupe immense commence, par la simplicité de sa composition, la série des végétaux, mais il est à peu près parallèle à celui des Champignons. Il s'étend, se développe en organisation et se diversifie en nombreuses modifications qui ont donné lieu à l'etablissement de tribus, de genres, d'espèces également nombreux.

Les principales tribus sont : les Chaodinées. On a voulu dire sans doute celles qui, par la simplicité de leur organisation, ont dû sortir les premières du chaos, à la voix de Dieu. Elles consistent seulement en globules ou en filaments ; les Ocillarées caractérisées par leurs mouvements spontanés ; les Confervées qui forment les touffes filamenteuses si communes dans les eaux ; les Céramiées formées de masses rameuses ; les Ulvacées constituées par des expansions larges et minces, creusées de cellules ; les Floridées qui, par leur contexture délicate, élégante et richement colorée, ressemblent à des fleurs ; enfin les Fucus, cartilagineux, olivâtres, géants des Algues, couvrant les rochers de nos côtes sous les noms de Varecs et de Goémons.

Plusieurs végetaux de cette classe rudimentaire présentent des particularités qui nous intéressent par leur beauté ou par leur utilité, ou par leur singularité.

Nous admirons l'éclat de la Padine qui brille comme la plume du paon. Nous trouvons des matières alimentaires, agréables, quelquefois délicieuses, dans les Ulves, telles que l'espèce appelée Nid d'hirondelle. Aussi précieuse que le Girofle et la Muscade, elle sert d'assaisonnement aux viandes les plus délicates. L'hirondelle salangane qui la recueille sur les eaux de l'Océan indien, où elle flotte comme une gelée transparente, la pétrit avec son bec, l'attache aux rochers pour servir de nid à ses petits, et lui donne ainsi la préparation qui en fait un mets délicieux au goût des gourmets de la Chine et de tout l'Orient.

Le Nostoch, cette gelée organisée et fugace que nous foulons aux pieds dans les allées sablées de nos jardins, après la pluie, au printemps et en automne, jouit d'une ancienne célébrité due aux alchimistes et surtout à Paracelse, qui, par ses apparitions soudaines et mystérieuses, le considéraient comme une émanation des astres, l'employaient à préparer la panacée universelle et la pierre philosophale, et lui donnaient les noms de Fleurs du ciel, d'Arche céleste, de Trône de la terre et bien d'autres plus bizarres encore, dont plusieurs sont restés dans la langue vulgaire et attestent encore les étranges idées qu'ils avaient répandues parmi les peuples. (1)

Mais une singularité réelle que présentent plusieurs Algues consiste dans leur nature ambiguë, sur la limite des règnes végétal et animal, au point que plusieurs sont rangées dans l'un ou dans l'autre, suivant les opinions également respectables des auteurs. Ainsi, douées d'irritabilité comme les animaux ou d'excitabilité comme certaines plantes telles que la Sensitive, les Ocillaires sont des filaments (2) toujours en mouvement, se courbant de

---

(1) Ces noms vulgaires sont entr'autres : purgatoire des étoiles, crachat de lune, beurre magique.

(2) Ces filaments sont si fins que leur épaisseur est quelquefois de 1/200 de millimètre.

droite à gauche, s'avançant ou se retirant comme des vers. Les Bacillaires sont formées d'une matière organique vivante, renfermée dans une enveloppe siliceuse. Tant que la vie dure, elles se meuvent d'avant en arrière comme une navette en se détournant quand elles rencontrent un obstacle. Les Zygnèmes, primitivement formées de filaments articulés, réunis en touffes légères, ont dans leurs articulations une matière molle, disposée en une spirale elégante ou en étoile. A un instant déterminé, lorsque deux filaments se sont rapprochés parallèlement, ils envoient du milieu de chaque article des prolongements qui se soudent en un tube de communication. Alors la matière molle passe indifféremment de l'un dans l'autre, et forme une boule destinée à la reproduction de la plante. Enfin, les Conferves ont une matière contenue dans des cellules, laquelle, à une certaine époque, se reunit en petits corps reproducteurs qui, se frayant un chemin au dehors, se meuvent dans le liquide jusqu'à ce qu'ils se soient fixés en un lieu où ils se développeront. Cependant, aucun de ces mouvements ne paraît subordonné à la volonté comme dans les animaux même les plus simples : les Infusoires. De sorte, qu'en comparant entr'eux les deux grands embranchements des êtres vivants, nous trouvons l'un et l'autre, à leur source, doués de mouvements ; mais, dans les animaux, ces mouvements, dirigés par la volonté, l'instinct ou l'intelligence, se sont perfectionnés graduellement avec l'organisation, tandis que dans les végétaux, ces mouvements n'étant que spontanés ont cessé dans le progrès organique. Que serait-il arrivé s'ils s'étaient également développés dans les plantes, les arbres ? Leur spontanéité eût été la cause des plus grands désordres.

Les Algues étant généralement des plantes aquatiques et la plupart marines, nourrissent peu d'insectes, à notre connaissance. Celles qui habitent les eaux douces, telles que les Conferves, doivent cependant leur donner des moyens de subsistance, mais presque rien n'a été constaté. Quant aux Algues marines, les

Fucus, qui habitent les rochers, alternativement au-dessus et au-dessous des eaux par les marées, servent d'abri ou d'aliment à plusieurs espèces de Coleoptères et de Lépidoptères.

COLEOPTÈRES.

Homalota debilis. — Sous les Algues. Fairmaire.
————— elongatula. — Ibid.
Philonthus sericeus. Holm. — Ibid. Perris.
Trichopteryx attenuata. Gillm. — Ibid Ibid.
————— fucicola. Alib. — Ibid. Ibid.
Saprinus sabulosus. — Sous les Algues. Fairmaire.
————— quadistriatus. — Ibid.
Colotes rubripes. — Sous les Algues.
Phaleria cadaverina. — Sous les Algues

LÉPIDOPTÈRE

Briophila algæ. — V. Marronier.

FAMILLE.

ULVACEES. Ulvaceæ.

Frondes plus ou moins larges, crépues, creusées de cellules régulières contenant chacune deux à quatre sporules.

Les Ulves dont nous avons parlé dans les généralités, et qui sont généralement marines, comprennent quelques espèces qui habitent nos ruisseaux. L'une d'elles nourrit la chenille de la

Nonagria ulvæ. Hubn. — Les chenilles, munies de plaques écailleuses sur les deux premiers segments, vivent et se métamorphosent dans les tiges des plantes aquatiques.

FAMILLE.

BYSSOIDES. Byssoideæ.

Filaments déliés, droits ou couchés, continus ou articulés, simples ou rameux, stériles ou fertiles.

Cette famille comprend la moisissure, c'est dire a quel point elle est rudimentaire. L'Oïdium, le Botrytis, si nuisibles au raisin, au ver à soie, en font partie. Elle s'attache à tous les corps en voie de décomposition, et elle a reçu la mission d'en hâter la dissolution.

Deux insectes ont été signalés comme vivant sur les Byssus.

COLÉOPTÈRE.

Eucinetus meridionalis. Lap. — Ce Malacoderme a été observé sur des Byssus par M. Perris.

LÉPIDOPTÈRE.

Mniophila candilaria. Fab. — La chenille de cette Phalénide se nourrit de Byssus et de Lichen. Elle est courte, tuberculée, et se retire dans des cavités pour y former son cocon qu'elle recouvre de parcelles de ces mêmes Cryptogames. Brez l'a observée sur le Byssus candelaria.

FAMILLE.

FUCACEES. Fucaceæ. Linn.

Frondes coriaces, filiformes ou planes, ordinairement bifurquées, parsemées de vésicules creuses ; sporidies noirâtres.

Les Fucus ou Varecs sont surtout remarquables par les vésicules et par le phénomène qu'ils présentent, c'est-à-dire la différence des gaz qu'ils renferment, suivant qu'ils sont ou non exposés à l'air. Cette différence, observée pour la première fois par M. De Candolle, consiste dans les proportions d'oxygène qui, quelques heures après que la marée ne couvre plus le végétal, sont celles qui existent dans l'air atmosphérique, et qui sont moindres dans le moment où la marée recouvre la plante.

Parmi les nombreuses espèces de Fucus, il y en a qui présentent de grandes dimensions. L'une d'elles, le Macrocystis, paraît être par sa longueur le plus grand végétal connu. Suivant M. Harvey sa tige, indéfiniment bifurquée, atteint jusqu'à une longueur de cinq cents mètres.

Ces plantes couvrent quelquefois des parages entiers de l'Océan ; leurs touffes sont si épaisses, si serrées, que la proue des vaisseaux peut à peine s'y ouvrir un passage. « Elles sont, dit M. de Chateaubriand, sujettes à changer de climat ; elles semblent partager l'esprit d'aventure de ces peuples que leur position géographique a rendus commerçants. Le Fucus giganteus sort des antres du nord avec les tempêtes ; il s'avance sur les mers, en enfermant dans ses bras des espaces immenses ; comme un filet tendu de l'un à l'autre rivage de l'Océan, il entraîne avec lui les Moules, les Phoques, les Raies, les Tortues et jusqu'aux Souffleurs, qu'i. prend sur sa route. Quelquefois fatigué de nager sur les vagues, il allonge un pied au fond de l'abîme et s'y arrête debout, puis recommençant sa navigation avec un vent favorable, après avoir flotté sous mille latitudes diverses, il vient tapisser les côtes du Canada des guirlandes enlevées aux rochers de la Norwège.»(Génie du Christianisme. Migrations des plantes.)

Plusieurs insectes ont été observées sur les Fucus sans distinction spécifique de ces plantes.

COLÉOPTÈRES.

Philonthus sericeus. — Ce Brachélytre a été trouvé sous des Fucus par M. Laboulbène.

——— xantholinus. — Ibid.
——— nigritus. — Ibid.
——— bipustulatus. — Ibid.
——— intermedius. — Ibid.
——— ebeninus. — Ibid.
——— aterrimus. — Ibid.

Aleochara obscurella. — Laboulb. Même observation.

Saprinus sabulosus. — Sous les Fucus.

Cafius fucicola. Leach. — Cet auteur a trouvé ce Brachélytre sur des Fucus.

Homalota anthracina. — Fairmaire. Sous les Fucus.

———— albopila. Mulsant. — Cet auteur l'a trouvé rarement sous des Fucus à Aiguesmortes.

Sylpha opaca. Fab. — Sous les Fucus

Trachyscelis aphidioides. — Lut. Cet Heteromère a été trouvé sous des Fucus par M. Laboulbène.

Phaleria cadaverina. Fab. — V. Hêtre. Même observation.

DIPTERES.

Tachydromia albipennis. Perr. — Cette Empidie se trouve sous les Fucus.

Medeterus oceanus. Macq. — V. Pin maritime. J'ai trouvé cette espèce sous les Fucus de l'estacade de la jetée du port de Dunkerque, en nombre d'autant plus grand que la jetée s'avançait davantage dans la mer.

Scatophaga oceana. Macq. — Même observation.

———— marina. Macq. — Même observation.

———— tessellata. Macq. — Même observation.

———— fucorum. Fall. — Même observation.

Actora æstuum. Meig. — Cette Muscide vit sur les Fucus.

FAMILLE.

G. LICHENACÉES. LICHENACEÆ.

Frondes crustacées portant les organes de la fructification.

Ces Cryptogames, que nous voyons couvrant les rochers, tapissant les vieux murs, appliqués contre l'écorce des arbres ou suspendus à leurs branches, ou étalés sur la terre, se montrent sous la forme de croûte, d'expansions foliacées, de filaments. Ils ont une consistance sèche, coriace et membraneuse ; leur adhérence aux corps qui les supportent a lieu sans véritables racines, et c'est dans l'air humide qu'ils trouvent leur nourriture ; leurs couleurs sont extrêmement variées et présentent souvent les nuances les plus vives du rouge pourpre, de l'orange et du rose le plus tendre.

Les Lichens sont utiles a l'homme comme aliment, comme médicament et comme matière tinctoriale ; ils fournissent une sorte de gruau aux Islandais, de fourrage aux rennes des Norwégiens. Par leur qualité éminemment amère, ils exercent un effet tonique très-salutaire sur l'organe digestif et sur la poitrine; leur macération dans l'eau donne un grand nombre de couleurs propres à la teinture. Une espèce particulière, l'Usnée barbue, fournit une poussière inflammable.

Cette famille, divisée en une multitude de genres, sert d'aliment à un grand nombre d'insectes dont la plupart ont été signalés sans distinction des espèces de Lichens sur lesquelles ils vivent.

COLÉOPTÈRE.

Homalota livida. Mulsant. — Ce Brachélytre vit dans des détritus de Lichens au Mont-d'Or.

HÉMIPTÈRE.

Chermes lichenis. Linn. — V. Tamarisc. Brez.

LÉPIDOPTERES.

Lithosia rubricollis. L. — V. Tilleul. La chenille vit de Lichens et particulièrement sur le L. Olivaceus Pini et Fagi.

——— luteola. Hubn. ainsi que toutes les autres espèces.

Calligenia rosea. Fab. — V. Hêtre.

Setina irrorea. Hub. — V. Saule.

Nudaria mundana. Linn. — V. Aulne.

Typhonia lugubris. Ochs. — Les chenilles glabres et vermiformes de cette Psychide vivent et se transforment dans des fourreaux portatifs, revêtus de particules pierreuses. Elles se nourrissent de Lichens qui croissent sur les pierres.

Briophila glandifera. W. W. — V. Algues. Les chenilles de toutes les espèces vivent de Lichens et se transforment dans des crevasses qu'elles recouvrent de ces plantes et qu'elles tapissent intérieurement de soie.

Cyrrædia ambusta. Linn. — V. Poirier.

Hadena thalassina. Linn. — V. Spartier.
——— obscura. Haw. — Ibid.
Aventia flexuaria. Hub. — V. Pin. Elle vit de Lichens et se transforme dans un tissu lâche entre les feuilles

Cleora lichenaria. W. W. — La chenille de cette Phalénide est courte, déprimée, à tubercules bifides, ayant les trois premiers segments moins gros que la tête Elle vit des Lichens qui croissent sur le tronc des arbres et se métamorphose dans des coques revêtues extérieurement des débris de ces mêmes Lichens.

Boletobia carbonaria. W. W. — La chenille de cette Phalénide est courte, à tubercules pilifères. Elle vit de Lichens et de Bolets et se métamorphose dans une coque recouverte des débris de ces mêmes végétaux.

Mniophila corticalis. Hubn. — V. Chêne.
Yponomeuta irrorella. Linn. — V. Fusain
Incurvaria bipunctella. Dup. — V. Groseiller.
Enolmis achantella. — God. La chenille de cette Tinéide vit de Lichens. Rambur.
——— lutcella. — Dup. Ibid.
Solenobia clathrella. — Tr. La chenille de cette Tinéide se nourrit du Lichen des vieilles barrières. Au repos, elle tient son fourreau dans une position horizontale. M. Bruand.
Solenobia lichenella. — L. Ibid.

G. IMBRICAIRE. Imbricaria. Linn.

Frondelles horizontales, foliacées, disposées en rosette.

L'Imbricaire des murs, I. parietina, est le Lichen le plus commun de tous, qui se fait remarquer de loin par sa belle couleur d'un jaune d'or, et qui croît sur les murs, les rochers, les écorces des arbres.

Deux Lépidoptères ont été observés sur ce Lichen.

Bryophila perla. Dup. — V. Lichen. La chenille vit sur les Imbricaires. Elle se construit une petite coque ronde avec de la terre et des fragments de ces Lichens.

Bryophila lupula. Hubn. — Mêmes mœurs.

G. CLADONIA CLADONIA. Linn.

Tiges simples ou rameuses, nues ou chargées de folioles, portant à leur sommet des tubercules globuleux, sessiles et solitaires.

La Cladonie des Rennes, C. rangiferina, couvre les montagnes de la Laponie et du Groenland ; c'est la nourriture de ces précieux bestiaux qui la cherchent et la broutent sous la neige.

Un Lépidoptère a été observé sur la Cladonia, par M. Hering.

Lithosia arideola. — V. Tilleul. La chenille vit sur ce Lichen et sur le Syntrechia subulata.

DEUXIÈME SOUS-CLASSE.

CHAMPIGNONS. Fungi.

Végétaux cellulaires à membrane séminifère très-variable dans sa forme et ne couvrant que la face inférieure.

Cette immense famille, qui comprend le plus grand nombre de Cryptogames, présente un vif intérêt, quand on considère son histoire depuis les anciens jusqu'à nos jours, et qu'on suit l'extrême développement où est parvenue cette partie de la science, l'un des monuments les plus admirables du génie d'investigation qui caractérise notre époque.

Suivant Pline, qui représente l'antiquité, « les principes géné-
» rateurs des Champignons sont le limon et le suc fermentescible
» des terres humides, ou bien des racines des arbres à gland. Ce
» n'est d'abord qu'une écume visqueuse, ensuite une espèce de
» corps membraneux et enfin un Champignon tout formé. »

Dans le XVI° siècle, on alla jusqu'à croire que les Champignons pouvaient être des minéraux ou des sortes de Polypiers ; qu'ils produisaient des œufs, que de ces œufs éclosaient des vers, et que ceux-ci devenaient Champignons ; d'autres croyaient qu'ils étaient le résultat de la putréfaction des corps.

La science moderne a fait justice de ces erreurs, mais elle a parfois émis des opinions qui n'ont pu se soutenir, telles que celles de MM. Cassini et Turpin, qui admettaient que ce qu'on appelle communément un Champignon, est un Apothecium ou le fruit d'une plante habituellement souterraine.

La famille des Champignons, composée maintenant de plus de 20,000 espèces (c'est le cinquième des plantes connues), réparties en mille genres et au-delà, présente une organisation tellement différente de celle des autres végétaux, qu'elle est l'objet d'une science à part, qui a exigé une nomenclature également particulière, science qui honore d'autant plus ceux qui la cultivent qu'ils ne sont soutenus ni par l'attrait de la beauté ou de la grandeur des objets de leurs études, ni par la popularité que pourront acquérir leurs travaux. Honneur à Michéli, père de la science, à Bulliard, Persoon, Fries, Berkeley, Montagne, Desmazières et tant d'autres qui se sont dévoués, qui ont, en quelque sorte, tiré du chaos cette partie considérable de la création et qui ont répandu la lumière sur l'ordre, la convenance, l'harmonie qui brillent sur elle comme sur tous les autres êtres sortis des mains du Créateur.

L'une des particularités les plus remarquables que présentent les Champignons, c'est d'être composés entièrement de tissu cellulaire, sans mélange ni de trachées ni de vaisseaux, comme dans les autres plantes, et c'est l'extrême diversité des cellules dans leur forme, leur grandeur, leur consistance, leur combinaison, qui produit l'immense série de ces végétaux, terminée par le Protococcus constitué par une cellule unique.

Les Champignons se distinguent encore des autres plantes par l'absence de racines distinctes ; ils ne croissent pas comme elles sous l'influence de la lumière ; ils se développent dans l'obscurité avec une rapidité telle que M. Ward a vu un Phallus fœtidus grandir de 76 millimètres en 35 minutes, et que M. Schleiden s'est assuré que le Bovista gigantea s'accroît en acquérant approximativement 20,000 cellules par minute ; mais aussi, s'ils se hâtent de vivre, ils se hâtent de mourir et si, en une nuit, ils peuvent passer de la grosseur d'une tête d'épingle à celle d'une gourde, dès le soir ils ont souvent rempli leur destinée et passé à l'état de déliquescence, de dissolution.

Les organes reproducteurs des Champignons diffèrent également de la manière la plus contrastante de ceux des plantes phanérogames. L'appareil sexuel manque chez la plupart d'entre eux et, lorsqu'il existe, il se refuse à toute comparaison. Les graines n'ont point d'embryon. Elles sont constituées par des cellules nommées sporules, souvent détachées, et de bonne heure, de la plante mère. Leur germination se réduit à produire d'autres cellules semblables aux premières. Ces graines sont souvent si nombreuses, dans le Lycoperdon par exemple, que lorsqu'elles s'élancent dans les airs, à l'époque de la maturité, elles forment comme un nuage et que, d'après le calcul de Fries, un échantillon de Reticularia maxima contenait plus de dix millions de sporules dont chacune était douée de la faculté de se développer en un nouvel individu semblable au premier.

Nous avons parlé à l'article Cryptogames de la destination des Champignons dans l'économie générale de la nature. Il nous resterait à mentionner leur utilité particulière à notre égard, si tout le monde ne savait qu'ils sont un mets agréable mais dangereux ; que, s'ils flattent notre sensualité par la délicatesse de leur saveur, ils nous empoisonnent par leurs principes délétères. Ils étaient en usage chez les Romains comme ils le sont chez nous ; « mais ils furent fort décriés, dit Pline, depuis l'horrible attentat
» d'Agrippine, qui s'en servit pour empoisonner l'empereur
» Claude, son mari, attentat qui la conduisit à infecter l'univers
» d'un autre poison, qui lui devint funeste à elle-même par l'avé-
» nement de Néron, objet de toute sa tendresse. »

La famille des Champignons renferme un grand nombre d'espèces comestibles, indépendamment de l'Agaric de couche devenu si vulgaire depuis qu'il est cultivé. Chaque sol, chaque température, souvent chaque forêt, chaque bruyère, produit les siens.

C'est ainsi que les Clavaires, les Helvelles, les Morilles, les Chanterelles sont recherchés aux environs de Paris, les Polypores dans les Vosges, les Bolets, les Mousserons dans le midi de la France, l'Oronge en Italie.

Enfin, la Truffe qui est aussi un Champignon flatte notre sensualité dans toutes les parties du monde.

Les Champignons ne sont pas seulement destinés à nous présenter des mets savoureux et sains quand nous savons discerner les espèces, ils nourrissent surtout de nombreux insectes. Des tribus considérables tout entières n'ont pas d'autre berceau, s'y développent, soit isolement, soit en famille, et y manifestent quelquefois des habitudes fort remarquables. C'est ainsi que les Céroplates, qui vivent dans les Agarics, ont l'instinct de revêtir d'une couche de soie le plan sur lequel elles se posent; en marchant elles s'assujettissent à tapisser l'espace qu'elles parcourent et, lorsqu'elles se fixent, elles construisent une sorte de pavillon qui les recouvre entièrement.

Les insectes qui vivent de la substance des Champignons appartiennent aux Coléoptères et aux Diptères. Dans le premier de ces ordres, on compte un grand nombre de Brachélytres, de Xylophages, d'Helopiens, de Trimères, les genres Boletobius, Boletochara, Mycetoporus, Mycetochara, Mycetophaga, Lycoperdina.

Parmi les Diptères, les Champignons possèdent entièrement la tribu considérable des Tipulaires fungicoles, les Platypézines et une partie de celle des Sciomyzides. C'est à cette dernière qu'appartiennent les Hélomyzes, qui se développent dans les Truffes et qui, dans l'état ailé, recherchent les terrains qui recouvrent ces tubercules.

La plupart des observations qui ont été faites sur les insectes des Champignons ne mentionnent ni les genres ni les espèces de ces végétaux auxquels ils appartiennent. Nous en donnons la liste.

COLÉOPTÈRES.

Emus fossor. Fab.— Ce Brachélytre vit dans les Champignons.
Microsaurus lateralis. Gravenh. — Même observation.
Philonthus æneus. Grav. — Même observation.
Oxyporus rufus. Fab. — Il vit en famille.
Boletobius atricapillus. Fab. — Ibid.
Bolitochara pygmæus. Fairmaire. — Il vit dans plusieurs espèces.
Bolitochara cincta. Grav. — Ibid.
——————— fungi. Germ. — Ibd.
Bolitophagus fungicola. Germ. — Erchs.
Aleochara laniginosa. Grav. — Ibid.
Oxypoda alternans. Grav. — Ibid.
Hygronoma palleola. Kiesenwetter. — Ibid.
Proteinus brachypterus. Fab. — Ibid.
Megarthrus depressus. Payk. — Ibid.
——————— denticollis. Berk. — Ibid
——————— hemipterus. Ill. — Ibid.
Antalia impressa. Kies. — Ibid.
Scaphidium 4 maculatum. Fab. — V. Orme.
——————— agaricinum. — Ibid.
Strongylus glabratus. Fab. — Idid.
Cryptophagus rufipennis. Dej. — Observé par Gyllenhal dans les Champignons.
Opatrum silphoïdes. Linn. — Brez.
Anisotoma cinnamomea. Fab. — V. Hêtre.
——— humerale. Fab. — Ibid.
——— rufomarginatum. Duf. — Ibid.
Tetratoma fungorum. Fab. — V. Hêtre.
Cis castaneus. Mellié. — V. Bouleau. M. Mellié l'a trouvé dans les gros Champignons qui vivent sur les Noyers, M. Chevrolat sur ceux des Marroniers.
Cis laricinus. Reichenbach. — Ibid. M. Aubé en a conservé longtemps des individus vivants dans un Champignon.

Cis mandibularis. Gyll. — V. Bouleau
Triplax russica. Linn. — Dans divers Champignons.
—— aenea. Fab. — Ibid.
Tritoma bipustulata. Fab. — Même observation.
Endomychus coccineus. Fab. — Même observation.

DIPTERES.

Ceratopogon brunnipes. Perris. — V. Chèvrefeuille. M. Perris a trouvé la larve dans des Champignons décomposés.

Psychoda nervosa. Perris. — Même observation.

Caenosia fungorum. — Deg. La larve se développe dans les Champignons

G. SPHÆRIE. Sphæria. Linn.

Champignons microscopiques, formant des taches de couleurs variées, et s'ouvrant au sommet par un pore arrondi dont le bord est plus ou moins proéminent et se prolonge quelquefois en un long tube.

Les Sphæries se développent sous l'épiderme des bois, des tiges ou des feuilles des plantes, et sont le symptôme d'une destruction prochaine qu'elles ont mission d'accélérer.

Un seul insecte a été signalé sur les Sphæries :

Diphyllus lunatus. Fab. — La larve de ce Coleoptère xylophage vit sur le Sphæria concentrica, qui se développe dans les couches mortes du Frêne. Perris.

G. LYCOPERDON. Lycoperdon. Linn.

Peridium globuleux ou turbiné, charnu d'abord, puis pulvérulent, s'ouvrant à son sommet quand il est mûr, et renfermant des spores entremêlés de filaments.

Les Lycoperdons, quoique fétides et vénéneux, nous intéressent par le phénomène que présente le mode de dissémination de leurs germes. Lorsqu'ils sont parvenus à leur maturité, ils s'ouvrent à leur sommet et il se fait une explosion de semences sous la forme de poussière ou de fumée qui se répand dans l'atmosphère.

Une espèce particulière donne, lorsqu'on la brûle, une fumée âcre analogue à celle de l'amadou, et usitée en Angleterre pour engourdir les abeilles quand on veut enlever leur miel sans les faire périr. Un médecin, M. Richardson, en a conclu qu'elle pourrait engourdir de plus grands animaux et remplacer l'éther et le chloroforme Une expérience récente, faite sur un chien, a réussi, et nous devrons peut-être aux Lycoperdons un nouveau moyen d'échapper aux grandes douleurs physiques.

Une autre espèce, le Lycoperdon stellatum, dans le premier developpement, ressemble à une boule et reste sous la terre. Elle présente deux enveloppes, l'exterieure se fend à son sommet, se divise en lobes qui s'écartent peu à peu, se roulent sur eux-mêmes et, comprimant la terre environnante, l'entrouvrent, soulèvent la boule interne et la portent à la surface par un mouvement d'élasticité très-marquée. La boule se trouve ainsi soutenue audessus de la terre par les lobes formant autant de pieds, sur lesquels elle est posée. C'est alors que l'explosion se fait et que les germes s'envolent.

Les sporules en s'échappant sont si nombreuses qu'elles forment comme un nuage de fumée. Fries a calculé qu'un echantillon de Reticularia maxima en contenait plus de dix millions, toutes douées de la faculte de se développer en un nouvel individu. J'admire ce nombre prodigieux, et j'admire aussi la science qui a compté ces atomes impalpables qui se répandent en fumée dans les airs.

Les insectes qui vivent dans ces Cryptogames ne sont pas nombreux. Ils sont tous Coleoptères ; un genre a reçu le nom de Lycoperdine parce que toutes ses espèces s'y développent.

Strongylus ferrugineus. Fab. — V. Sapin blanc.

Cryptophagus lycoperdi Huh. — La larve de ce Clavicorne vit dans les Lycoperdons.

——————— cellaris. Fab. — Ibid.

Golgia succincta. Muls. Fab. — Ce Sulcicorne vit, ainsi que sa larve, dans ces Cryptogames.

Lycoperdina cruciata. Fab. — Même observation.

——— bovistæ — Fab.

G. FULIGO. Fuligo. Haller.

Chapeau sessile et gélatineux.

Le Fuligo vaporaria, qui croît dans les tannées, nourrit un insecte.

Abræus rhombophorus. Rouzet. — V. Hêtre. Ce Clavicorne se tient caché dans la poussière jaune contenue sous les chapeaux gélatineux de ce Champignon

G. TRUFFE. Tuber. Linn.

Tubercule formé de tissu cellulaire dont l'intérieur offre des filaments blancs portant des thèques noires qui renferment quelques spores

La Truffe semble avoir été créée pour réaliser le système des compensations. Ce tubercule informe, obscur, sans tige, sans racines, caché dans la terre et condamné, ce semble, à y rester toujours enseveli, ignoré ou dédaigné, jouit de la destinée la plus brillante, la plus glorieuse. Son parfum si fin, si suave, si particulier, sa saveur en harmonie avec son parfum, l'ont élevé, au siècle d'Auguste, comme au nôtre, au rang suprême des honneurs culinaires. Les Romains en faisaient leurs délices (1); ils envoyèrent à sa recherche jusque dans la Lybie et c'était à elle que Juvénal faisait allusion dans ce vers :

Gustus elementa per omnia quærunt.

Pline, en citant l'Espagne parmi les parties de l'empire où elle était connue, rapporte que Lartius Licinius, gouverneur de ce

---

(1) Il est singulier que dans le XVII.e siècle, Jean Ficard, dans sa Celtopedie, derive le nom de la Truffe du grec *Truphe*, delices. Ménage le derive de *tuber*, *tubere*, *trubere*, *trufere*.

pays, mordant à une Truffe, à Carthagène, rencontra un denier romain avec la dent, qui en fut cassée. La présence de ce denier dans cette Truffe peut s'expliquer, en supposant que le germe du tubercule, se développant près du denier, l'ait entouré de toutes parts.

La Truffe, dont l'usage fut détruit par l'invasion des Barbares, ne reparut en Europe qu'à la fin du XVIIIe siècle. Introduite à Paris, vers 1780, surtout chez les financiers et chez les filles entretenues, à cause de sa réputation aphrodisiaque, elle se répandit rapidement au point où nous la voyons aujourd'hui. Elle est proclamée le mets par excellence, le diamant de la cuisine. « Elle peut, dit Brillat-Savarin, rendre les femmes plus tendres et les hommes plus aimables ; » mais elle a contribué à développer le sensualisme, à en faire la plaie honteuse de notre siècle ; elle fait dire : « Pour manger une dinde truffée, il faut être deux : la dinde et soi. » c'est-à-dire deux brutes.

Nous voyons la Truffe dans les banquets politiques, employée comme moyen corrupteur et devenue poison de l'âme, comme le Champignon l'est quelquefois du corps ; elle a passé des soupers de la courtisane aux repas officiels, aux dîners de cérémonie ; elle se vulgarise de plus en plus et excite partout la gourmandise et la luxure.

Des essais de culture de la Truffe ont été faits, d'abord par le baron de Bornholz, puis par M. de Noë. Si le succès abaissait la valeur des Truffes, elles perdraient une partie de leur mérite (1).

La récolte des Truffes ne se fait pas seulement en employant des porcs. Des insectes se rendent également utiles sous ce rapport, en voltigeant au-dessus des terrains truffiers.

DIPTÈRES.

Sciara ingenua. L. Duf. — Cette Tipulaire se développe dans la Truffe.

---

(1) Le sol le plus favorable à cette culture doit être un peu humide, léger, ferrugineux et calcaire, et contenir une grande quantité de feuilles de chêne en décomposition.

Anthomyia blepharopteroides. L. D. — La larve de cette Muscide vit dans la Truffe.

Helomyza ustulata. Meig. — Même observation. — Les habitants de Rions appellent ces mouches Mouscades rubassiesses.

Helomyza pallida. Meig. — Ibid.
———— lineuta. Meig. — Ibid.
———— tuberivora. L. Duf. — Ibid.
———— penicillata. L. Duf. Reaum. — Ibid.

Phora pallipes. Meig. — Ibid.

G. AGARIC. Agaricus

Surface inférieure présentant des lames rayonnantes.

Les Agarics, les plus nombreux des Champignons, doivent leur nom, suivant Dioscoride, contemporain d'Auguste, à la contrée d'Agaria, en Sarmatie, qui en produisait abondamment. C'est à ce genre qu'appartiennent la plupart des Champignons comestibles dont l'usage est si répandu, surtout en Europe, et dont la production est accrue par la culture. Les couches suppléent aux pacages, aux prairies, aux bruyères, aux forêts, et nous devons à de jeunes religieuses d'un couvent de Naples la découverte d'en obtenir du marc de cafe amoncelé à l'ombre.

Dans la multitude des espèces usuelles, indépendamment de la commune, nous citerons l'Agaric délicieux, l'Amelhyste, l'Anisé, le Mousseron, l'Oreillette des pelouses orléanaises, le Géant dont le chapeau en parasol est porté sur une haute tige, l'Aromatique qui, caché sous l'herbe, trahit sa présence, comme la violette, par son parfum; le Lactaire qui, à peine effleuré, donne une liqueur douce comme le lait; l'Oronge, surtout de l'Europe méridionale, ce célèbre Bolet d'Horace, de Sénèque, de Juvenal; l'Elvellæ, de Cicéron. Apicius, le *Nepotum omnium altissimus gurges*, ainsi que l'appelle Pline, apprenait à l'assaisonner avec du miel, de l'huile et des jaunes d'œuf. Juvénal, dans sa mordante satyre, introduit un patron ne faisant servir à ses parasites que des Champignons équivoques et se réservant le Bolet.

> Vilibus ancipites fungi ponentur amicis
> Boletus domino.

Enfin, c'est l'Oronge préparée avec du poison par ordre d'Agrippine qui donna la mort à Claude, le mit au rang des dieux; et Néron, qui lui dut le trône, lui donna par une plaisanterie atroce le nom de *Cibus deorum*.

Du reste, plusieurs Agarics ne sont que trop vénéneux par eux-mêmes. Un auteur prétend même que l'empoisonnement de Claude a pu se commettre en substituant à l'Oronge l'Agaric muscaire, qui y ressemble à s'y méprendre. La même qualité délétère appartient aux Agarics émétique, meurtrier, sanguin, et bien d'autres; mais ils ne sont souvent nuisibles que d'une manière relative : les uns le sont dans le Midi et sont innocents dans le Nord; d'autres sont bons ou mauvais suivant qu'on les cueille dans les pâturages ou à l'ombre des bois. Les meilleurs mêmes se changent en poison quand ils sont trop développés. Cependant, on peut généralement en prévenir les mauvais effets, en les plongeant dans du vinaigre étendu d'eau, avant d'en faire usage.

L'Agaric muscaire produit sur les Kamtschadales un effet fort singulier lorsqu'il est employé sec ou infusé avec une espèce de vaccinium : il cause une ivresse particulière, accompagnée de tremblements et de convulsions, inspirant aux uns la gaîté, les chants, la danse, aux autres la tristesse, l'abattement. On les voit quelquefois, les armes à la main, se précipiter les uns sur les autres, ne connaissant plus aucun danger et avec des forces musculaires surexcitées, jusqu'à ce que le sommeil les calme et les rende à eux-mêmes.

Une autre particularité que présentent quelques Agarics, c'est d'être phosphorescents pendant la nuit et de l'être, non par la décomposition, comme beaucoup d'autres corps, mais lorsque le développement est dans toute sa plénitude. Ce sont les lames qui répandent la lumière.

Les Insectes qui se développent dans les Agarics n'ont pas été signalés en grand nombre.

COLÉOPTÈRES.

Staphylinus agarici. Linn. - Brez.
Bolitochara agaricola. Mannerh.—V. Champignon
Boletophaga agaricola. Latr. — V. Champignon
Scaphidium agaricinum. Fab. — V. Orme.
Nitidula colon. Fab. — V. Hêtre.
Tritoma bipustulata. Lat. — La larve se développe dans les Agarics.
Triplax nigripennis. Fab. — Même observation.

DIPTÈRES.

Trichocera annulata. Perris.—La larve de cette Tipulaire vit en société dans les Agarics.
Empis minuta. Lat — Il vit sur les Agarics.

G. BOLET. Boletus. Linn.

Chapeau central à surface inférieure munie de tubes libres, cylindriques, rapprochés.

Les Bolets, dont le nom a été détourné de son acception primitive qui, chez les Romains, se rapportait aux Agarics, diffèrent particulièrement de ces derniers par la surface inférieure du chapeau qui présente des tubes au lieu de lames, et par le pédicule, plus ou moins renflé à sa base, en forme de toupie. Beaucoup moins nombreux en espèces, ils le sont plus en individus ; ils entrent dans une part au moins égale dans notre alimentation ; ils offrent également des espèces éminentes en qualités et d'autres qui sont vénéneuses. Aussi répandus, mais plus communs dans l'Europe méridionale, nous les trouvons surtout dans les forêts, sur les coteaux boisés, dans les taillis plantés de Châtaigniers et de Chênes, dans les Bruyères, sur la lisière des bois, sous la Fougère au bord des prés montueux et ombragés.

Les Bolets, sous le nom de Ceps, fournissent une nourriture abondante surtout aux habitants du midi de la France, dans les mois de septembre et octobre. La consommation en est très-grande à Bordeaux, à Bayonne ; les bouchers d'Auch abattent un bœuf de moins chaque semaine de la saison. Les meilleures espèces sont le Bolet comestible, qui est en même temps le plus répandu, et le Bolet bronzé, que Grimod de la Reynière préférait à tous les Champignons connus. Ce célèbre gourmand l'appelait le divin Cryptogame à tête de nègre, et il eut volontiers passé la moitié de sa vie dans les bois pour le cueillir, et l'autre à le déguster.

Parmi les espèces vénéneuses, il faut craindre surtout le Boletus perniciosus, que l'on confond facilement avec l'Edulis.

Les Insectes qui se développent dans ces Cryptogames sont assez nombreux, mais ils ont été souvent confondus avec ceux qui vivent dans les Polypores, voisins des Bolets. Nous nommons ici ceux qui ont été observés sur les Bolets, sans distinction.

COLÉOPTÈRES.

Staphylinus bicolor. Linn. Brez. — V. Hêtre.
————— thoracicus. Linn. Brez. — Ibid.

Stenus flavipes. Grav. Brez. — Ce Brachélytre se développe dans les Bolets.

Oxyporus rufus. Linn. Ce Brachélytre vit en famille dans les Bolets.

Bolitobius lunulatus Fab. — Même observation.
————— pygmæus. Linn. — Ibid.

Bolitochara troglodytes. Dej. — Même observation.
————— boleti. Grav. — Ibid.

Colobicus marginatus. Fab — Ce Clavicorne se développe dans les Bolets. Ghiliani

Engis humeralis. Latr. Duf. — V. Sapin blanc.

Cistela ceramboides. Fab. — V Tilleul. Sur le Bolet fomentarius.

Bolitophagus agaricicola. Fab. — V. Hêtre.

Diaperis boleti. Fab. — V. Hêtre.

Mycetoma suturale. Panz. — Ce Tenebrionite se développe dans les Bolets. L. Duf.

Bostrichus cinereus. Gyll. — V. Clématite. Sur le Bolet versicolor.

Cis minutus. Latr. — V. Bouleau.
— quadridens. Mellié. — Ibid.
— affinis. Gyll. — Ibid.
— Boleti. — Ibid.
— bostrichoides. L. Duf. — Ibid.

Mycetophagus lunaris. Fab. — V. Peuplier.
————— mauritanica. Lat. — Ibid.

Platypus cylindricus. Lat. — V. Poirier

Chrysomela boleti. Linn. — V. Saule.

Triplax nigriceps. Dej. — Cette Chrysomeline se développe dans les Bolets.
——— nigripennis. Fab. — Ibid.
——— hispidus. — Ibid.

Tritoma bipustulata. Linn. — Ibid.

LÉPIDOPTÈRE.

Boletobia carbonaria. W. W. — La chenille de cette Phalénide est courte et tuberculeuse. Elle vit dans les Bolets qui croissent sur le bois décomposé et se métamorphose dans une coque recouverte des débris de ces mêmes Bolets.

DIPTÈRES.

Boletophila cinerea. Meig. — La larve de cette Tipulaire se développe dans les Bolets.

Boletophila fusca. Id. — Ibid.

G. POLYPORE. Polyporus. Micheli.

Chapeau sessile ou pédiculé, latéral ou central, parfois multiple et rameux. Face inférieure garnie de tubes nombreux, entiers, séparés les uns des autres par des cloisons simples et très-minces.

Ce genre, qui a été détaché des Bolets, comprend un grand nombre d'espèces croissant pour la plupart sur les arbres ou à leur pied. Quelques unes portent même le nom de ceux dont ils sont particulièrement les parasites. C'est ainsi que le Mélèze nourrit le Polypore officinal qui entre dans la composition de l'elixir si trompeur de longue vie ; que c'est au Chêne rouvre que nous devons l'Amadouvier qui arrête l'effusion de notre sang.

Les Polypores se font remarquer tantôt par leur grandeur et leur poids qui atteint quelquefois trente livres, comme dans le P. giganteus, dont le pédicule s'évase d'un côté en un demi chapeau diversement contourné ; tantôt par leurs formes, comme dans le P. frondosus, formé d'un grand nombre de chapeaux semblables a des feuilles ridées, tuberculées de chicorée, ou dans le P. pescapræ, dont le pédicule porte bizarrement plusieurs chapeaux.

Plusieurs espèces se recommandent par leurs qualités alimentaires et rivalisent d'utilité avec les Bolets et les Agarics. L'une d'elles, le P. tuber, flatte même notre sensualité, comme la Truffe, dont elle reproduit la couleur, le parfum et le goût. Une autre, fort estimée à Naples, présente un phénomène fort singulier par sa faculté de croître sur un tuf volcanique, appelé pour cette raison pierre à Champignons. Ce tuf, très-poreux, de nature argileuse et calcaire, mais sans aucun mélange de terre, jouit de la propriété de produire le Polyporus tuberaster, dont les germes y trouvent les conditions mystérieuses de leur développement. Cette propriété se conserve, quoique la pierre soit transportée au loin, et j'en ai fait l'expérience en Flandre où un fragment, rapporté de Naples par M. Am. Taverne, et déposé dans un lieu chaud et humide, donna pendant deux mois un assez grand nombre de ces Champignons, de très-bonne qualité.

Un assez grand nombre d'insectes se développent dans les Polypores suivants :

POLYPORE VERSICOLORE. P. versicolor

COLÉOPTÈRES.

Cis boleti. Fab. — V. Bouleau. Il vit en familles, quelquefois très-nombreuses. Fries.

Ennearthron cornutus. Gyll. — Ibid. Fries.

LÉPIDOPTÈRE.

Boletobia carbonaria. W. W. — V. Bolet. La chenille de cette Phalénide vit dans le P. versicolor comme dans les Bolets.

DIPTÈRES.

Cecidomyia polypori. Winnertz. - La larve vit dans les Polypores sans y causer de deformations.

Cecidomyia lugubris. Loew. — Ibid. dans le P. vers.

Sciophila unimaculata. Macq. — La larve de cette Tipulaire vit dans ce Polypore. Perris.

Tetragoneura hirta. Winnertz. — La larve de cette Tipulaire vit dans les P. versicolor qui se développent dans le bois décomposé du Hêtre. Winn.

Ditomyia trifasciata. Winn. — Même observation

POLYPORE FOMENTAIRE. P. fomentarius.

LÉPIDOPTÈRE.

Euplocamus parasitellus. Hubn. — La chenille de cette Tinéide est glabre; elle se creuse dans ce Polypore des galeries profondes qu'elle garnit de soie et en ferme l'entrée.

DIPTÈRE.

Ceroplatus sesioides. Wahlberg. — La larve de cette Tipulaire file un ruban ou des fils dont elle forme un cocon.

POLYPORE ODORANT. P. suaveolens.

COLEOPTERES.

Cis boleti. Fab. — V. Bouleau et Polyp. versicolor.

Ennearthron fronticornis. Panz. — La larve de ce Xylophage se développe dans ce Polypore. Motschouski.

POLYPORE UNICOLORE. P. UNICOLOR. Bull.

COLÉOPTERE.

Cis rugulosus. Mannerh. — V. Bouleau. Il vit aussi dans ce Polypore suivant l'observation de M. Mellié.

POLYPORE FERRUGINEUX. P. FERRUGINOSUS.

DIPTERE.

Ditomyia trifasciata. Winnertz. — V. Polypore versicolor.

POLYPORE ECAILLEUX. P. SQUAMOSUS.

COLEOPTERE.

Ennearthron fronticornis. Panz. — V. Polyporus suaveolens.

POLYPORE AMADOUVIER. P. IGNIARIUS.

COLEOPTERE.

Cis fuscatus. Mellié. — V. Bouleau. Il a été trouvé dans ce Polypore par M. Laboulbène.

POLYPORE DU MURIER. P. MORI.

LÉPIDOPTÈRE.

Euplocamus morillus. Dup. — V. P. fomentarius.

POLYPORE DU BOULEAU. P. BETULINUS.

LÉPIDOPTERES.

Lita betulinella. Linn. — V. Bouleau. Brez l'a observé sur ce Polypore.

Euplocamus picarellus. Dup V. P. fomentarius. Zeller l'a trouvé dans ce Polypore.

POLYPORE DU HÊTRE. P. FAGI.

COLÉOPTÈRE.

Bolitophagus crenatus. Fab. — V. Hêtre. Ghiliani l'a trouvé dans ce Polypore.

LÉPIDOPTÈRES.

Tinea corticella. Cortis. — V. Clematite. Zeller l'a observé dans ce Polypore.

Euplocamus polypori. Esper. — V. P. fomentarius. Même observation.

POLYPORE DU TILLEUL. P. TILIÆ.

LÉPIDOPTÈRES.

Tinea corticella. Curtis. — V. Clématite et Polypore du Hêtre.

POLYPORE DU PEUPLIER. P. POPULI.

LÉPIDOPTERE.

Tinea cloacella. Haworth. — V. Clématite La chenille vit dans le Polypore du Peuplier argenté. Zeller.

POLYPORE DU CERISIER. P. CERASI.

COLEOPTERE.

Orchesia micans. Fab. — V. Hêtre. Ghiliani en a trouvé des centaines dans l'etat d'insecte parfait et de larve.

POLYPORE DU PIN. P. PINI.

COLÉOPTERES.

Cis dentatus. Gacogne. — V. Bouleau. Il vit sur ce Polypore. Gac.

Ennearthron cornutus. Gyll. — V. Polyp. versicolor. M. Mellie l'a trouvé dans le Polypore. du Pin.

POLYPORE DU SAPIN. P. ABIETIS.

COLÉOPTERE.

Cis lineatus et cribatus. Chevrier. — V. Bouleau. M. Gacogne les a trouvés sur ce Polypore.

G. HYPODRYS. HYPODRYS. Dec.

Chapeau sessile ou fixé latéralement à un pédicule très-court.

Face inférieure garnie de tubes grêles, inégaux, frangés à leur orifice.

Ce genre de Champignons doit son nom à sa station ordinaire au pied des Chênes, et la seule espèce que nous connaissons, l'H. hepaticus, doit le sien à une certaine ressemblance, tant pour la forme que pour la couleur, avec le foie de bœuf qui est son nom vulgaire. C'est le même genre et la même espèce que Bulliard a appelé Fistuline buglossoïde. Elle fournit un mets agréable en France et en Italie.

Deux insectes ont été signalés sur ce Cryptogame.

Triphyllus punctatus. Fab. — D'après une observation de M. Perris, la larve de ce Coléoptère xylophage vit dans l'Hypodrys et y creuse des galeries sinueuses.

Cis Jacquemartis. Mellié. — V. Bouleau. M. Jacquemart l'a trouvé sur l'Hypodrys.

G. HYDNE. Hydnum. Linn.

Surface inférieure du chapeau à membrane fructifère, hérissée d'aiguillons plus ou moins longs, coniques ou comprimés, à l'extrémité desquels se trouvent les capsules membraneuses renfermant les sporules.

Ces singuliers Champignons qui se rapprochent des Polypores, mais dont la surface inférieure, au lieu d'être creusée de tubes, se hérisse de pointes, sont surtout remarquables par la diversité des formes qu'ils affectent. Le pédicule central ou latéral, simple ou rameux, est quelquefois nul. Le chapeau présente une forme tantôt régulière, élégante, tantôt bizarre dans son irrégularité. Sa surface supérieure est quelquefois couverte d'écailles ou de zones concentriques et ondulées; l'inférieure présente ses pointes sous la forme de poils flexibles ou d'aiguillons durs et aigus. Ce chapeau disparaît quelquefois et alors l'Hydne adhère par toute sa surface à l'arbre sur lequel il croît, et il n'est plus qu'une couche recouverte par la membrane qui représente la surface inférieure et prend la forme tantôt de la tête d'un chou-fleur, tantôt d'un hérisson.

Plusieurs espèces sont usuelles et nous fournissent des mets agréables.

Un seul insecte a été observé sur les Champignons.

DIPTERE.

Cylindrotoma macroptera. Macq. — La larve de cette Tipulaire a été trouvée dans l'Hydnum erinaceum par M. Perris.

SOUS-CLASSE.

MOUSSES. Musci. Linn.

Végétaux cellulaires. Tiges et feuilles distinctes. Séminules renfermées dans une capsule traversée intérieurement par un axe, s'ouvrant au moyen d'un opercule ordinairement caduc.

Jusqu'ici nous avons eu à décrire des végétaux auxquels nous ne pouvions pas refuser ce nom, mais qui ne nous présentaient aucune analogie sous le rapport de la forme avec ceux qui couvrent et parent la terre. Nous ne voyions le plus souvent que d'informes rudiments ou de bizarres productions, arides et tristes parasites évitant l'air et la lumière, au lieu des plantes au gai feuillage, aux gracieuses fleurs qui nous donnent de doux gazons, ou des arbres élancés dont la cime majestueuse nous donne de frais ombrages.

Par la transition que forment les Hépatiques avec les Mousses, nous arrivons à des végétations normales, nous reconnaissons des tiges, des feuilles d'un vert d'émeraude, des fleurs portées sur de longs pédoncules, mais toutes ces choses charmantes sont en miniature. Des simulacres de Sapins, de Cèdres forment d'épaisses forêts que recouvrent et ombragent les herbes de nos pelouses; ils revêtent le tronc des arbres d'une brillante verdure qui résiste à l'âpreté des hivers; ils tapissent la rude surface des rochers de leurs couches moelleuses.

Cependant les Mousses, en nous présentant les formes de végétation parfaite, appartiennent encore, par la simplicité de leur composition, à l'ordre élémentaire des Cryptogames cellulaires, réunissant ainsi deux conditions opposées.

Il en est de même de l'appareil de la reproduction. Les semences ne sont, comme dans les Algues, les Champignons, que des spores de la plus grande simplicité et, près des capsules qui les contiennent, il se montre, comme dans les Hépatiques, une production masculine qui les féconde et élève les humbles Mousses au rang des végétaux monoïques et quelquefois dioïques.

Cette organisation ambigüe semble heurter l'ordre naturel et déconcerter la science, mais elle est conforme à ce que nous voyons dans les plus petits animaux, les Infusoires, qui réunissent de même la simplicité de composition à une complexité de formes qui les élève dans la série ; c'est aussi une loi de la nature : *Natura maxima miranda in minimis.*

Les Mousses montrent cette complexité surtout dans la forme de l'organe femelle, et dans les nombreuses modifications du type. Le développement de l'organe présente successivement l'enveloppe formée par des feuilles dilatées, des pistils plus ou moins nombreux auxquels succèdent des capsules portées sur de longs pédoncules, et coiffées d'une sorte de bonnet phrygien qui tombe lors de la maturité et laisse à découvert l'ouverture des capsules. Les petites graines qu'elles contiennent sont renfermées quatre à quatre dans des cellules qui s'oblitèrent, et elles se composent d'une membrane extérieure et d'un noyau granuleux.

Les modifications du type atteignent toutes les parties de l'organisation : les fleurs sont tantôt monoïques, tantôt dioïques ; les capsules sont latérales ou terminales et de formes très-diverses ; l'ouverture en est pourvue d'une ou de deux rangées de dents au nombre de quatre ou d'un multiple de quatre ; les graines sont lisses ou hérissées.

C'est ainsi que par leurs modifications organiques, les Mousses s'élèvent au nombre de près de 2,500 espèces ; elles s'adaptent à tous les sites, à tous les climats ; mais elles recherchent l'ombre, l'humidité ; il y en a même d'aquatiques.

Le rôle que jouent les Mousses dans la nature et dans l'économie domestique est considérable. Sans parler du charme que nous trouvons à nous reposer sur les tapis moelleux qu'elles nous offrent à l'ombre des forêts, au bord des ruisseaux, au murmure des eaux, elles adoucissent nos maux par leurs vertus pectorales, sudorifiques. Les habitants du nord en font des engrais, des matelas ; ils trouvent, dans la Fontinalis anti-pyretica, des moyens de prévenir les incendies, par sa propriété incombustible ; l'impératrice Catherine employa le Polytricum commune à lier les pierres d'un quai de 1,209 toises à Saint-Pétersbourg, et cette construction est encore si solide qu'elle résiste aux coups de bélier.

Dans l'économie de la nature, la Mousse sert aux petits oiseaux à préparer de doux nids aux fruits de leurs amours ; l'ours l'amoncèle dans sa tanière ; elle prête son abri au premier développement des arbres qui, plus tard, l'abriteront à leur tour ; elle est, avec le Lichen, la végétation primitive qui recouvre la nudité des rochers et de la terre et qui, par sa décomposition, présente une première couche d'humus aux végétaux d'un ordre supérieur. « La belle Mousse aquatique, connue sous le nom de Sphagnum, dit Deleuze, entrelaçant sur les marais ses longs rameaux, y forme d'abord des touffes, ensuite des prairies flottantes qui, chaque année, augmentent d'épaisseur et de surface, et s'étendent même quelquefois à plusieurs lieues. Sur ce tapis d'un vert cendré viennent d'abord s'établir de jolies petites plantes, telles que le brillant Rossolis et l'élégante espèce de Myrtille appelée Oxycoccus ; ensuite des arbrisseaux rampants ; enfin, des Saules et des Aulnes dont les racines vont chercher le fond et assurent à l'agriculture la conquête d'un terrain d'abord inondé. »

Les insectes qui vivent dans les Mousses sont assez nombreux.

Nous mentionnerons ceux dont la présence y a été constatée, avec ou sans distinction des espèces de ces Cryptogames.

COLEOPTERES.

Stilicus orbiculatus. Fab. — Ce Brachélytre a été trouvé dans la Mousse par Duftschmidt.

Stenus rugosus. — Kiesenwetter a découvert ce Brachélytre dans les Mousses humides des Pyrénées.

Strophosomus hirtus. Sch. — Ce Brachélytre a été observé par Steven dans la Mousse, en Angleterre.

Homalota pavens. Erichs. — V. Lichen. M. Kiesenwetter a trouvé ce Brachélytre dans la Mousse des torrents des Pyrénées.

———— myops. Kies. — Même observation.

Tachyporus brunneus. — V. Peuplier. Sous la Mousse. Fairmaire.

———— ruficollis. — Ibid.

Tachinus collaris. — Ce Brachélytre vit sous la Mousse.

Quedius auricomus. Zell. — V. Chêne. Zeller l'a trouvé dans la Mousse des petits ruisseaux.

Trogophlœus omalinus. Erichs. — Kiesenwetter a observé ce Brachélytre dans la Mousse des ruisseaux.

Lesteva pubescens. Mann. — Même observation.

Eugnathus longipalpis. Muls. — Type d'un nouveau genre de Brachélytres decouvert par M. Mulsant dans la Mousse, sur le mont Pilate au Mont-d'Or.

Nitidula marginata Fab. — V. Hêtre.

Anthrenus muscorum. Fab — Ce Clavicorne vit dans la Mousse.

Scaphisoma agaricina. — Il vit sous les Mousses.

HYMENOPTÈRE.

Bombus muscorum. Linn. — Cette Apiaire forme son nid de Mousse.

LÉPIDOPTÈRES.

Cleophana ramosa. Freyer. — La chenille de cette Noctuélite est atténuée aux deux extrémités. Elle se nourrit de Mousse. Sa chrysalide, munie d'une gaîne ventrale, longue et linéaire, est contenue dans un cocon papyracé recouvert de debris de Mousse et attachée aux tiges.

Eudorea petrophila. Standf. — V. Néflier aubépine. La chenille vit de la Mousse qui croît sur les rochers de la montagne du Geant (Riesengebirge).

Crambus pratellus. Tr.—V. Tamarisc. Les chenilles de ce genre vivent dans la Mousse qui croît à terre et sous les pierres et dont il paraît qu'elles ne mangent que les racines. Elles s'y creusent des galeries. Leurs chrysalides sont renfermées dans des tissus étroits et serrés.

DIPTÈRE

Siphonella ænea. Macq. — V. Noyer. Nous avons trouvé cette Hétéromyside dans la Mousse.

Les Mousses du genre Hypnum présentent les insectes suivants :

COLEOPTERE.

Staphylinus hypnorum. Lat. — V. Hêtre.

HYMENOPTERE.

Bombus hypnorum. Lat. — V. Mousses.

LÉPIDOPTÈRES.

Psyche mellierella. Bois D. — La chenille de cette Bombycide est glabre; les trois premiers segments sont cornés. Elle se nourrit de l'Hypnum repens et son fourreau est entièrement composé de ce Cryptogame.

Tinea Leopoldella. Costa. — V. Clematite. Costa l'a trouvé sur l'Hypnum murale.

Le genre Leskea nourrit le Lepidoptère suivant

Psyche albida. Esper — La chenille de cette Bombycide compose son fourreau de Leskea sericea.

Sur le genre Bryum vivent les Lépidoptères suivants :

Boletobia carbonaria. Linn. — V. Bolet. La chenille se nourrit du Bryum murale.

Tinea Leopoldella. Costa. — V. Clématite. Même observation.

SOUS-CLASSE.

HEPATIQUES. Hepaticæ. Linn.

Végétaux cellulaires composés d'une tige foliacée, monoïques ou dioïques. Capsule sans coiffe. Spores accompagnés d'élatères Fibres roulés en spirale.

Les Hépatiques présentent le singulier phénomène de productions analogues aux informes Lichens, paraissant aussi reculées qu'eux dans la chaîne végétale, et douées en même temps, et pour la première fois, de la propriété des sexes et même de la modification sexuelle monoïque et dioïque qui distingue particulièrement les végétaux les plus avancés.

Cette grande infériorité entre la forme des Hépatiques et leur organisation doit faire soupçonner qu'elle est moins réelle qu'elle ne parait l'être, et, en effet, les expansions foliacées dont elles affectent la forme et qui tendent à les confondre avec les Lichens, présentent une tige qui manque toujours à ces derniers dont les côtés se dilatent diversement, et qui les rapproche encore des végétations normales. Les Hépatiques sont donc en quelque sorte des plantes d'un ordre supérieur qui se déguisent sous les formes les plus humbles.

L'organe sexuel féminin présente un appareil remarquable; ce sont des fibres roulées en spirale, auxquelles adhèrent les séminules et qui, en se détendant lors de la maturité, les lancent dans l'air par bouffées et à l'instar, mais par un mécanisme différent, de l'explosion des Lycoperdons.

Outre ce moyen de reproduction, un certain nombre d'Hepatiques se propagent encore par des espèces de bourgeons qui se développent sur les feuilles et qui forment de nouveaux individus.

Ces singuliers végétaux vivent sur la terre humide ou sur la surface des eaux, ou en parasites sur les arbres. Parmi ces parasites, le Jungermannia du Tamarisc se fait remarquer par deux conformations très-différentes du lobe inférieur de la feuille, suivant la hauteur qu'il occupe sur la tige de l'arbrisseau nourricier : ou ce lobe est simplement convexe en dessus et concave en dessous, ou bien il devient creux et tubuleux par la soudure de ses bords; il se ferme en avant, s'ouvre à sa base et représente soit un casque ou une tête d'oiseau.

Les Hépatiques présentent une autre particularité ; c'est d'absorber l'humidité avec une extrême promptitude et de l'abandonner de même par l'évaporation, de sorte qu'elles semblent perdre la vie et la reprendre presqu'instantanément.

Sous le rapport de l'économie domestique, l'Hepatique des fontaines, Marchantia polymorpha, a été longtemps employée pour combattre les affections du foie, et c'est de cette propriété que dérive le nom de cette classe de Cryptogames.

Le seul insecte que nous puissions rapporter aux Hepatiques est un Lépidoptère.

Lithosia rubricollis. Linn. — V. Tilleul. La chenille vit sur le Jungermannia.

SOUS-CLASSE.

FOUGERES. Filices. Linn.

Tige (Rhizome) rampante ou verticale ; feuilles portant à la surface inférieure des groupes de capsules renfermant les seminules (spores).

Peu de végétaux présentent de l'intérêt sous autant de rapports, quoiqu'appartenant encore à la classe des Cryptogames, aux premiers anneaux de la chaîne végétale. Les Fougères se recommandent à notre attention par la grandeur de leurs dimensions, la beauté de leurs formes, les phénomènes de leur fructification, le nombre de leurs genres et de leurs espèces, par leur géographie, par leur histoire ancienne et paléontologique, enfin, par leur utilité dans l'économie domestique.

Les Fougères, tantôt herbacées et rampantes sur le sol, tantôt arborescentes et prenant une direction verticale, s'étalent en fines pelouses dans les forêts boréales et dans nos jardins d'hiver, ou s'élèvent graduellement jusqu'à la hauteur des plus grands arbres qu'ils embrassent de leurs rhizomes (tiges) gigantesques, et dont ils surmontent les sommets de leurs touffes immenses, dans les forêts équatoriales de l'Amérique.

Leur beauté n'emprunte rien à l'éclat des fleurs, mais elle brille dans l'élégance, la grâce, la noblesse des frondes ailées, digitées, dentelées, festonnées, qui s'épanouissent en admirables panaches quelquefois chargés de soie moelleuse et brillante (1) sur les grèves solitaires de l'Océanie, et qui rivalisent de majesté et d'élévation avec les Palmiers dont les cimes altières se balancent dans les airs sur les flancs des Andes.

La fructification des Fougères est remarquable par tout l'appareil qui accompagne les spores (séminules), mais surtout par le mystère dont la fécondation est enveloppée. Ces plantes étant les plus développées entre tous les Cryptogames, il n'est guères permis de douter qu'elles ne possèdent comme les Mousses, les Hépatiques, des organes fécondateurs ; et cependant les investigations les plus approfondies n'ont encore pu les découvrir, et la science la plus profonde est réduite à en soupçonner l'existence en des poils de structure spéciale dans chaque genre, ou des vésicules situées près des spores, mais sans que les uns ni les autres donnent la preuve de cette destination.

---

(1) Pinonia splendens.

Les séminules sont renfermées dans des capsules disposées par groupes sur la surface inférieure des feuilles. Elles se singularisent entre la plupart des graines en n'adhérant d'aucune manière aux parois des capsules, et en offrant une multitude de formes. Chacun des groupes est entouré d'un anneau de cellules élastiques, d'une structure spéciale, formant un ressort qui, par son action, détermine la rupture des capsules lors de la maturité et lance les séminules au dehors.

L'état avancé de la science sur la fructification de ces végétaux rend plus singulière encore l'assertion récente d'un botaniste allemand, d'après laquelle on obtient des Fougères en semant des graines d'Orchis. Une erreur semblable ne semblerait pas appartenir à notre époque.

Le type des Fougères qui nous paraît si restreint lorsque nous considérons les espèces que nous avons habituellement sous les yeux, se modifie tellement dans les climats chauds que le nombre des espèces connues s'élève à plus de 3,000, reparties dans une multitude de genres où se déploie avec la plus admirable diversité toute la fécondité de la puissance créatrice.

La géographie des Fougères a donné lieu à une observation intéressante : Plus les îles sont petites et éloignées des continents, plus leur climat prend le caractère maritime par l'humidité habituelle de l'air et l'uniformité de la température, et plus les Fougères deviennent nombreuses proportionnellement aux plantes phanérogames, au point que plusieurs îles de la mer du Sud n'ont presque pas d'autre végétation.

Les Fougères étaient connues des anciens comme de nous. Les Grecs les appelaient Pteris, de la forme ailée de leurs feuilles ; les Romains leur donnaient le nom de Filix (Filix invisa. Virg.), beaucoup moins facile à expliquer, et que d'anciens commentateurs ont dérivé de *felix*, faisant allusion à leur heureuse fécondité. Le nom français, s'il vient de *Filix*, ce qui paraît assez bien démontré, a bien changé en venant jusqu'à nous, cependant on retrouve des vestiges de Filicaria (1), dans Feuquière dont se servent encore les habitants des campagnes dans une partie de la France.

Les anciens, comme les modernes, ont trouvé dans les Fougères un grand nombre de propriétés utiles à la santé, qui ont été trop fastueusement louées pendant des siècles et trop dédaigneusement méprisées depuis. Dans les différentes parties du globe, ces végétaux servent à de nombreux usages. On en fait du pain, de la bierre, du fourrage, de la litière, des cendres, de la potasse, du savon, de la porcelaine, du verre, enfin, ainsi que l'attestent nos vieux refrains : Le vin qui rit dans la Fougère, et la chanson : Que ne suis-je la Fougère !

Enfin, les Fougères se présentent en foule parmi les plantes fossiles presqu'à l'exclusion des autres végétaux, et dépassant encore les dimensions des espèces vivantes les plus gigantesques. Elles forment, en grande partie, les couches houillères, dont les plus anciennes remontent à une époque antérieure à l'existence des animaux, c'est-à-dire au troisième des grands jours de la création suivant le récit sublime de Moïse, si admirablement d'accord avec la science géologique.

Les Fougères, au moins celles de l'Europe, nourrissent très-peu d'insectes, et l'on peut s'en étonner tant leurs belles feuilles semblent à la convenance des chenilles et des larves. Devons-nous croire par analogie que celles des îles de l'Océanie, dont elles forment presque toute la flore, sont également respectées des insectes qui y sont si nombreux ?

Quoi qu'il en soit, voici les observations dont nous avons connaissance.

Le POLYSTICUM, Fougère mâle, donne asile à l'Hémiptère Centrotus cornutus, qui se tient de préférence sur les hautes tiges. Amyot.

---

(1) La ville de Fougère s'appelle en latin Filicaria.

Le PTERIS, aigle impérial (1), Linn. nourrit un Coléoptère : Selandria citripes. La larve se nourrit des feuilles du Pteris et se transforme dans la terre ; et deux Lépidoptères :

Colias palæno. Linn. — V. Cytise.

Eriopus pteridis. Fab. — La chenille de cette Noctuelite est rase, de couleur vive, atténuée en avant.

La SCOLOPENDRE OFFICINALE, Linn., nourrit un Diptère. Phytomyza scolopendrii. Meig. — V. Houx. M. Goureau a observé que la larve de cette espèce mine les feuilles de cette Fougère. Elle y creuse une galerie filiforme le long de la nervure médiane, quelquefois très-contournée.

DEUXIÈME DIVISION.

CRYPTOGAMES VASCULAIRES.

Ces végétaux dont la contexture comprend des vaisseaux et des trachées, comprennent les Characées, les Marsiliacées et les Equisétacées ; ils présentent des frondes (feuilles) et des organes sexuels.

SOUS-CLASSE.

EQUISETACEES. Equisetaceæ. Linn.

G. PRELE. Equisetum. Linn.

Tiges cylindriques, sillonnées, articulées, munies aux articulations d'une gaîne membraneuse dentée. Fructification en épis terminaux; spores libres, portant à leur base quatre filets (élatères) élastiques, terminés par des anthères pollenifères.

Ce petit groupe est un des plus singuliers du règne végétal. Il

---

(1) Lorsqu'on coupe la racine en travers, elle offre deux lignes qui se croisent et représentent assez bien l'aigle de l'empire d'Autriche.

présente d'une part des caractères qui lui sont entièrement propres et, de l'autre, des analogies apparentes qui l'ont fait ranger dans des classes et des familles très étrangères les unes aux autres, telles que les Acotyledones, les Monocotyledones, les Dicotylédones, les Casuarinees, les Cicadées et même les Conifères. Aujourd'hui même, les botanistes hésitent à le placer avant ou après les Fougères dont il ne se rapproche lui-même qu'en se trouvant comme elles, mais d'une autre manière, à l'extrémité des Cryptogames.

L'organisation des Prèles présente des singularités dans toutes ses parties : des tiges souterraines horizontales, noueuses, emettant des racines verticillees et des tiges aériennes qui sont creuses, cylindriques, cannelees, rigides, articulées, munies aux articulations d'une gaîne membraneuse, divisee en dents qui sont peut-être des feuilles rudimentaires.

Ces tiges, dont l'organisation intérieure n'est pas moins particulière que l'extérieure, sont terminees par une sorte d'épi ou de chaton formé de nombreuses écailles sous lesquelles sont logées des capsules renfermant des séminules (spores) et les laissant échapper par une fente qui s'ouvre lors de la maturité. A ces séminules sont fixés quatre filaments élastiques qui s'enroulent autour d'elles ou s'etalent, suivant l'humidité ou la sécheresse de l'air, dont ils montrent les moindres variations par une grande agitation. Ces filaments contiennent des corpuscules qui s'échappent à leur tour et qui, véritable pollen, fecondent les spores.

Les Prèles croissent dans les pres, les champs, les bois humides et même les eaux. Elles sont répandues sur la plus grande partie du globe, à l'exception peut-être de la Nouvelle Hollande, et malgré cette diffusion, elles présentent si peu de modifications organiques qu'un seul genre réunit à peu près les espèces peu nombreuses de la famille, même en y comprenant les fossiles, quelquefois gigantesques, que l'on trouve dans les couches houillères, ce qui atteste encore l'etrangete du type.

Les propriétés des Prêles sont très diverses ; elles ont été reconnues utiles ou nuisibles, et jugées quelquefois avec prévention. Elles sont un des fléaux de l'agriculture ; elles nuisent à tous les bestiaux, excepté les chèvres ; ceux qui s'en nourrissent tombent dans un état de maigreur et en meurent quelquefois ; elles font tomber les dents des vaches et avorter les brebis.

D'un autre côté, la médecine reconnaît aux Prêles une qualité astringente très prononcée, et elle les emploie sous ce rapport. Les Romains leur attribuaient la propriété de consumer la rate et ils faisaient boire son infusion aux coureurs pendant trois jours. Ils en mangeaient les jeunes pousses comme les asperges et les habitants de la Toscane le font encore.

Les chevaux et les moutons les broutent avec plaisir en Suisse. Elles servent de fourrage en Suède ; les rennes s'en nourrissent en Laponie.

Les tiges de la Prêle des marais sont si âpres et si rudes, peut-être à cause de la grande quantité de silice dont l'épiderme est encroûté, qu'elles sont employées à polir le bois et les métaux.

C'est à cette âpreté, plus ou moins propre aux Prêles, qu'elles doivent leur nom français, autrefois Asprèle, Asparella en italien ; leur nom grec Hippuris, et latin Equisetum, dérivent de l'espèce de ressemblance qu'elles présentent avec la queue des chevaux, d'où est venu aussi celui de Chevaline qu'elles portent dans le vieux français de Du Tillet, traduction de Pline, Horsetail, en anglais et Rossschwanz, en allemand.

On peut attribuer à la même âpreté des Prêles le petit nombre d'insectes qui y ont été observés.

COLÉOPTÈRES.

Cardiophorus equiseti. Hubn. — V. Hêtre.

Grypidius equiseti. Fab. — Ce Curculionite se développe dans les Prêles.

Donacia tomentosa. Ahr. — M. Suffrian a observé que cette Chrysoméline vit sur les Prêles.

Hæmonia equiseti. Fab — La nymphe de cette Chrysoméline se trouve dans les racines. Suffrian.

DIPTÈRE.

Notiphila cinerea. Meig. — Cette Muscide vit sur la Prêle des marais.

SECOND EMBRANCHEMENT

PHANÉROGAMES.

Voyez les Arbres et leurs Insectes.

PREMIER ORDRE.

MONOCOTYLÉDONES.

Voyez les Arbres et leurs Insectes.

CLASSE.

HYDROCHARIDÉES. Hydrocharideæ. Bartl.

Fleurs dioïques; périanthe adhérent; graines périspermées.

Cette classe se réduit pour l'Europe à deux plantes, le Stratiote et la Vallisnérie; cette dernière célèbre par la manière dont s'opère la fécondation. Les organes sexuels se trouvant chacun dans des fleurs produites par des plantes différentes, ces fleurs, qui sont restées submergées jusqu'à leur épanouissement, viennent l'une et l'autre à la surface par des procédés également différents : les femelles, en déroulant leur tige en spirale, les mâles, en se détachant de la leur et venant voguer librement autour des premières. C'est ce que Castel a décrit en vers harmonieux dans son poème des plantes :

Le Rhône impétueux, sous son onde écumante,
Durant six mois entiers nous dérobe une plante
Dont la tige s'allonge en la saison d'amour,
Monte au-dessus des flots, et brille aux yeux du jour.
Les mâles dans le fond jusqu'alors immobiles
De leurs liens trop courts brisant les nœuds débiles,
Voguent vers leur amante, et libres dans leurs feux
Lui forment sur le fleuve un cortège nombreux ;
On dirait d'une fête où le dieu d'hyménée
Promène sur les flots sa pompe fortunée.
Mais les temps de Vénus une fois accomplis,
La tige se retire en rapprochant ses plis,
Et va mûrir sous l'eau sa semence féconde.

G. STRATIOTE. Stratiotes. Linn.

Fleurs dioïques ; mâles à 6 pétales et 12 à 20 étamines ; femelles à 6 styles bifides.

La Stratiote aloïde est remarquable par son beau feuillage qui lui a valu le nom d'Ananas aquatique, et dans lequel Dioscoride, Galien, Pline trouvaient un remède contre les blessures. Du centre de la rosace, que forment ses feuilles à demi submergées, s'élève une hampe portant des fleurs blanches renfermées dans des spathes avant leur développement.

Un seul insecte a été signalé sur le Stratiote

LÉPIDOPTÈRE.

Hydrocampa stratiotalis. W. W. — V. Potamogéton. Les chenilles se filent des tuyaux en sortant de l'œuf et se nourrissent du parenchyme des feuilles. Dutrochet a expliqué leur respiration sous l'eau par la loi de l'endosmose et de l'exosmose. D'après cette loi, lorsqu'on plonge dans l'eau qui tient de l'air en dissolution un récipient à parois perméables, contenant de l'oxygène, de l'acide carbonique et de l'azote en proportions quelconques, un double courant s'établit entre les gaz du récipient et l'air que contient l'eau jusqu'à ce qu'il ne reste plus dans ce récipient que de l'oxygène et de l'azote dans les proportions qui constituent l'air atmosphérique.

CLASSE

HÉLOBIÉES. Helobieæ. Bartl.

Périanthe inadhérent ; graines non perispermées.

Nous plaçons cette classe près de la tête des Monocotylédones, par ce qu'elle commence par des plantes qui, par leur affinité avec les Cryptogames, forment une transition entr'elles. Mais si les unes, comme les Zostères, semblent descendre dans la série vers les Fucus, les autres ne tardent pas à s'y élever considérablement, et nous voyons le Butôme rivaliser de beauté avec les Liliacées. Entre ces deux extrêmes, les Potamogetons, les Alismas, les Sagittaires nous intéressent à différents titres.

Toutes ces plantes sont aquatiques, et c'est peut-être ce caractère qui en rend le type si restreint.

Sous le rapport entomologique, ces plantes ont donné lieu à peu d'observations

FAMILLE.

LEMNACEES. Lemnaceæ. Duby.

Fleurs à périanthe, monoïques ; capsule uniloculaire, polysperme.

G. LENTICULE. Lemna. Linn

Fleurs monoïques, mâles à deux étamines, femelles à un pistil.

Rien de plus simple, en apparence, que les Lenticules, ces petites feuilles rondes qui flottent sur les eaux stagnantes et qui en couvrent quelquefois la surface comme un tapis vert. En réalité, ces feuilles sont des plantes très composées et présentant des particularités remarquables. Sur leur rebord, on observe une fissure par laquelle on voit sortir, soit une autre feuille, de laquelle il doit en sortir bientôt une troisième, soit les fleurs et quelques radicules qui descendent dans l'eau. Ces fleurs, pourvues de sexes séparés, sont renfermées d'abord dans une enveloppe membraneuse et réticulée, qui se fend ensuite pour laisser sortir une fleur femelle pourvue d'une corolle et d'un pistil, et une ou deux fleurs mâles munies de deux étamines. Le fruit consiste en une ou plusieurs graines renfermées dans une capsule arrondie.

Ces petites plantes se propagent avec une promptitude étonnante et elles offrent par leur fécondité des aliments à une multitude d'animaux aquatiques. Leur propriété la plus utile peut-être est d'absorber le gaz hydrogène et de maintenir ainsi la pureté des eaux stagnantes.

Les Lenticules nourrissent sans doute un grand nombre d'insectes. Nous mentionnons ceux qui ont été particulièrement signalés.

COLÉOPTERES.

Tanysphyrus Lemnæ. Fab. — Ce Curculionite s'y développe.
Donacia Lemnæ. Fab. — V. Potamogéton.

LEPIDOPTERES.

Hydrocampa nymphœalis. Linn.—V. Typha.
——— lemnalis. W. W. — Ibid.
Rhinosia Lemnicella. Dup. — V. Génévrier.
Lyonetia Lemnicella. Zell. — V. Tilleul.

DIPTÈRE.

Tetanocera ferruginea. Meig. — M. Léon Dufour a découvert la larve au milieu des Lemna. Elle est du petit nombre de celles de Diptères qui n'ont qu'une paire de stigmates qui sont postérieurs.

FAMILLE.

NAIADÉES. Naiadeæ. Jussieu.

Fleurs apérianthées, unisexuelles ; carpelles monospermes ; stipules engaînantes.

Cette petite famille a été l'objet de travaux considérables qui sont attestés par les différents noms qui lui ont été donnés. Outre celui que Jussieu a emprunté des Naïades de Linnée, elle a reçu celui de Fluviales par Ventenat, de Potamophiles par Richard, de Hydrogetones par Link, de Potamogetones et d'Alismacées par Reichenbach. Il est vrai qu'elle est composée de plantes qui different fort entr'elles, telles que les Zostères, les Ruppies, les Potamogétons dont on a fait des tribus particulières ; elle compte des plantes hermaphrodites, monoïques, dioïques ; les fleurs sont axillaires ou terminales, solitaires ou réunies ; en un mot, il s'y trouve peu d'unité, si ce n'est que toute cette famille est aquatique et qu'elle possède un caractère inverse de celui que présente généralement les plantes aériennes, je veux dire que les fleurs femelles se trouvent situées plus haut que les mâles, de sorte que le pollen de ces dernières doit monter au lieu de descendre pour remplir sa fonction fécondatrice et, par conséquent, posséder une legèreté spécifique plus grande que celle de l'air atmosphérique.

Nous n'avons à nous occuper, sous le rapport des insectes de ces plantes, que des Zostères, des Potamogétons, des Alisma et des Sagittaires

TRIBU.

ZOSTEREES. Zostereæ.

G. ZOSTERE. Zostera. Linn.

Style à 2 stigmates allongés ; graine à radicule supérieure ; pollen confervoïde.

Les Zostères, dont le nom tire du grec signifie ceinture, forment un groupe particulier de Monocotylédones, mais qui a des rapports plus ou moins éloignés avec les autres végétaux de cette division, ce qui a donné lieu, dans les méthodes naturelles, à un grand nombre d'appréciations différentes. Les anciens qui ne les classaient que d'après leurs apparences, leur *facies*, les plaçaient parmi les Fucus, les Algues et donnaient à l'une des espèces le nom d'Alga vitriariorum, à cause de l'usage qu'ils en faisaient. Les habitants de nos côtes les jugent de même et les appellent Varecs, Goëmons ; les botanistes modernes, les considérant dans leurs organes de fructification, les ont compris dans différents groupes, suivant le plus ou moins d'importance qu'ils accordaient à tels ou tels de ces organes. C'est ainsi que les Zostères ont été successivement comprises parmi les Aroïdes, les Naïadées, les Fluviales, les Potamées, etc. et jamais d'une manière satisfaisante, jusqu'à ce qu'elles aient été isolées par Kunth. En un mot, elles ont été ballottées par la science comme elles le sont par l'Océan, dont les vagues les pelotonnent, les déroulent, les entrelacent de toutes les manières.

Ces plantes marines, les seules parmi les Phanérogames, croissent dans les bas-fonds de la mer et sont assez connues par leurs feuilles étroites et longues quelquefois de quatre mètres. Les fleurs sont monoïques : les femelles n'ont qu'un pistil, les mâles qu'une etamine dont le pollèn diffère étrangement de celui des autres plantes, peut-être parce que la fécondation s'opère dans l'eau : Il est allongé en tube et quelquefois rameux ; le fruit a la forme de l'olive.

Les Zostères, par leur abondance, servent à un grand nombre de grossiers usages. Les anciens les employaient à emballer le verre et nous les imitons. Elles servent en Hollande à fortifier les digues et à amortir la violence des vagues. En Suède, elles tiennent lieu de chaume pour couvrir les toits. Ailleurs, elles sont employées comme engrais, comme litière, comme matelas et même comme fourrage. Par l'incinération, on en fait de la soude. Enfin, la médecine s'est servie comme d'un remède antiscrofuleux des pelottes de mer ou Egragopiles marins, qui ne sont autre chose que des amas de feuilles de Zostère roulées ensemble par l'action flots.

Les insectes observés sur les Zostères se réduisent à quatre.

COLÉOPTÈRE.

Hæmonia zosteræ. Fab. — V. Prèle. Observée par M. Suffrian.

HÉMIPTERES.

Salda zosteræ. Fab. — Cette Cimicide vit sur les Zostères.

Coccus zosteræ. Linn. — V. Tamarisc. Linnée l'a observé sur les bords de la mer Baltique.

DIPTERES.

Scotophaga oceana. Macq. — V. Fucus.
Actora æstuum. Meig. — V. Fucus.

TRIBU.

POTAMOGETONEES. Potamogeton. Kunth.

G. POTAME. Potamogeton. Linn.

Fleurs hermaphrodites ; stigmates subsessiles ; graines suspendues.

Ces plantes, connues sous le nom vulgaire d'Épis d'eau, vivent les unes dans les marais fangeux, les autres dans les ruisseaux aux doux murmures. Elles sont généralement submergées, rarement flottantes, aux feuilles délicates, ondulées, sans épiderme. Leurs jolis épis se dressent au-dessus des eaux pour célébrer les mystères de la fructification qui ne peuvent s'accomplir sans l'intervention de l'air nécessaire à l'action du pollèn. Ces épis sont formés de petites fleurs dont les simples corolles renferment quatre etamines et autant de pistils, auxquelles succèdent de petites noix dont l'embryon se recourbe en fer à cheval.

Ces Naïades sont si fécondes qu'elles peuplent les eaux, au point de rendre leur extraction souvent nécessaire à la navigation des canaux. Il en résulte bientôt un engrais puissant qui contribue tous les ans à la fertilité de mon jardin, à la grosseur de mes asperges, à la saveur de mes petits pois. Cette propriété vaut bien la vertu astringente dont la médecine faisait usage autrefois.

Parmi les nombreux insectes qui trouvent asile dans les lacis inextricables que forment ces plantes, quelques uns ont été observés plus particulièrement.

COLEOPTERES.

Donacia typhæ. Linn. — Cette Chrysomeline, ainsi que ses

congénères, habitent les plantes aquatiques. Leurs larves, qui vivent dans les racines, sont nues et leurs nymphes sont attachées par un de leurs côtés a des filaments, suivant l'observation de Linnée. M. Suffrian a observé le D. Typhæ sur le P. natans.

Hæmonia zosteræ. Fab. — M. Babington a trouvé cette Chrysomeline sur le P. pactinetus.

LÉPIDOPTÈRES.

Hydrocampa potamogalis.—Tr. Cette Pyralide a les jambes postérieures très longues, les ailes supérieures très étroites. M. Du Trochet a observé la chenille sur les feuilles submergées du P. lucens. Comme elle est organisée pour respirer l'air, elle doit être continuellement environnée de ce fluide et tenue à l'abri de l'eau dans laquelle elle se nourrit. Elle se fabrique donc une coque de soie protégée en dehors par des morceaux de feuilles de Potamogéton. Cette coque est ouverte et son intérieur contient de l'air au milieu duquel la chenille vit. Avant de passer à l'état de chrysalide, elle ferme complètement ce fourreau qui continue à renfermer de l'air. Ce n'est que lorsque l'Hydrocampa devient papillon qu'il sort de l'eau. Ainsi, dans ses deux premiers états, il vit sous un appareil tout semblable à la cloche du plongeur; quoique constamment submergé, il vit dans l'air, et cet air ne cesse pas d'être propre à la respiration, bien qu'il n'éprouve aucun renouvellement apparent. Ce phénomène trouve facilement son explication dans les faits exposés. On voit que les parois perméables de la coque de soie doivent laisser passer de l'extérieur à l'intérieur la portion d'oxygène nécessaire, en même temps qu'elles permettent la sortie du gaz acide carbonique et de l'azote qui se trouveraient en excès. Du Trochet.

G. ALISMA. Alisma. Linn.

Fleurs hermaphrodites, à six étamines opposées deux à deux aux pétales.

La principale espèce de ce genre, l'Alisma plantago, Plantain d'eau ou Fluteau, est une grande et belle plante que nous trouvons avec plaisir au bord des eaux, dont la hampe assez élevée porte un élégant panicule de petites fleurs blanches ou roses, de trois larges pétales et de trois linéaires.

Aux propriétés salutaires que les anciens attribuaient à l'Alisma les modernes en ont joint une contre l'hydrophobie, en faveur de laquelle il s'est élevé des témoignages imposants, mais qui n'a pas reçu la sanction de l'expérience en France. Un paysan d'Archangel a découvert ce remède qui consiste dans la racine pulvérisée de l'Alisma dont on saupoudre le pain que mangent les personnes atteintes de cette affreuse maladie; il est employé dit-on avec succès depuis plus de 25 ans dans le gouvernement de Tula, et cependant il paraît illusoire, au moins en France, et la cautérisation est encore le seul préservatif qui mérite confiance.

Deux insectes ont été observés sur ces plantes.

COLÉOPTÈRE.

Hydronomus alismatis. Gyll. — Ce Curculionite vit sur ces plantes.

DIPTÈRE.

Lasioptera auricincta. Winn. — La larve de cette Tipulaire vit dans des galles qui se développent sur les feuilles de l'Alisma plantago.

G. SAGITTAIRE. Sagittaria. Linn.

Fleurs monoïques : mâles à nombreuses étamines ; femelles à nombreux pistils.

Les Sagittaires doivent leur nom et celui plus vulgaire de Flechière, à leurs feuilles dont la base est large et l'extrémité aiguë, comme le fer d'une flèche ou d'un dard.

De ce feuillage élégant qui flotte sur les eaux s'élève une hampe surmontée d'un panicule de jolies fleurs blanches, relevees de nombreuses étamines brunes. Ces fleurs, semblables de forme et différentes de sexe, sont disposées de manière que les mâles occupent le sommet du bouquet et les femelles la base, situation opposée à celle que présentent les fleurs des Naïades. Cette diversité des fleurs ajoute encore à la beauté de la plante, l'un des ornements de nos clairs ruisseaux, de nos limpides rivières.

Une espèce de Sagittaires est cultivée à la Chine et au Japon, en faveur de ses racines bulbeuses qui sont alimentaires : elle se trouve aussi dans l'Amérique septentrionale, vers l'embouchure du fleuve Colombia, ou elle est également employée à la nourriture des habitants.

Les insectes observés sur les Sagittaires se bornent aux suivants :

COLEOPTÈRES.

Donacia sagittariæ. Fab. — V. Potamogéton.

Lema Cyanella. Fab. — Cette Chrysoméline vit sur les Sagittaires, quand il ne se trouve pas de Bouleaux dans le voisinage.

Galeruca nympheæ, Linn. (G. Sagittariæ, var. Gyll.) — V. Viorne.

LEPIDOPTERE.

Cidaria sagittariæ. B. — V. Berberis. Observée en Hongrie.

G. TRIGLOCHIN. Triglochin. Linn.

Fleurs disposées en épi terminal.

Ces plantes, connues en France sous le nom de Truscart, croissent dans les marais et les prés humides ; une espèce de la Suède sert de pâture aux bestiaux et a été l'objet d'un mémoire spécial de Linnée. Une autre est saline et se trouve sur les bords de la mer. C'est sur cette dernière que vivent deux insectes Coléoptères observés par M. Suffrian

Chrysomela concinna. Steph. — Sur le Triglochin maritime.

Phœdon triglochinis. Schaum. — V. Bouleau.

FAMILLE.

BUTOMEES. Butomeæ. Rich.

Perianthe hexaphylle; carpelles polyspermes; placentaires parietaux rameux.

G. BUTOME. Butomus. Linn.

9 etamines. 6 pistils. Graines attachées a la paroi interne des capsules par un réseau vasculaire.

Parmi les plantes que nous rencontrons avec le plus de plaisir, au bord de nos ruisseaux, de nos étangs, de nos rivières, aucune ne nous charme autant par son elegance et sa grâce, que le Butome, le Jonc fleuri; il n'a pas, il est vrai, ce que nous admirons dans le Nymphœa : la forme de la Rose unie à la blancheur du Lys; mais sa fleur s'élève gracieuse sur une tige svelte et élancée, elle domine toutes les fleurs d'alentour, elle s'épanouit en ombelle légère, arrondie, nuancée de rose, ceinte d'une élégante collerette et son charmant aspect captive tous les regards. Elle rappelle enfin par son port et la disposition de sa fleur, le superbe Agapanthe qui brille au Cap de Bonne-Espérance à côté des Xeranthemum et des Strelitzia.

Le Butome, quoique son nom, dérivé du grec, fasse allusion à sa tige coupée par les bœufs, n'est jamais dévoré par les bestiaux. Ses feuilles comme ses racines sont âcres, mais on les dit apéritives et sudorifiques. Ces dernières sont alimentaires en Sibérie.

Les fleurs de cette belle plante présentent leurs nectaires à des essaims d'insectes qui tourbillonnent autour d'elles; cependant une seule espèce a ete observée comme lui étant propre : c'est un Hémiptère.

Aphis Butomi. Schr. — V. Cornouiller.

CLASSE.

AROIDÉES. Aroideæ. Linn.

Périanthe nul ou écailleux et inadhérent, ordinairement un seul ovaire ; graines périspermées ; fleurs sessiles sur un spadice.

Cette classe, dont le nom provient du genre Arum, qui en est le plus considérable, est composée de plusieurs familles (1) dont une partie seulement appartient à l'Europe et comprend un petit nombre d'espèces indigènes, telles que les Typha, les Sparganium, les Gouets. Ces espèces présentent un intérêt et des modifications du type de la classe, qui vont croissant dans les exotiques au point d'acquérir une grande importance et d'exciter notre étonnement ou notre admiration. Ce type se modifie de telle sorte que les Aroïdes, le plus souvent sans tiges, sont quelquefois des plantes sarmenteuses, grimpantes, parasites, comme les Pothos de l'Amérique méridionale, et quelquefois des arbres semblables aux Palmiers, comme plusieurs Pandanus de l'Asie équatoriale. Il en est de même des propriétés : l'âcreté des sucs, la fétidité des odeurs, la qualité nutritive des racines de plusieurs espèces européennes, deviennent plus nuisibles ou plus utiles dans les exotiques ; le *Caladium Seguinum* est un poison très-violent, le Calla æthiopica a une odeur suave, plusieurs *Colocasia* sont cultivées au nombre des productions les plus nutritives.

Les Aroïdes d'Europe ont donné lieu à quelques observations entomologiques.

FAMILLE.

TYPHACEES. Typhaceæ. De Cand.

Ovaire solitaire, uniovulé; ovule suspendu; feuilles très entières.

---

(1) Les Typhacées, les Pandanées, les Orontiacées et les Callacées

G. TYPHA. Typha. (1) Tourn.

Fleurs monoïques; chatons cylindriques très denses. Epi mâle terminal; epi femelle situé sous le mâle.

Ces plantes connues vulgairement sous le nom de Massettes et de Roseaux des étangs, sont remarquables par les masses cylindriques, brunes, serrées que forment les fleurs au sommet de leur longue tige De ces fleurs monoïques les mâles occupent la partie supérieure de l'epi, les femelles l'inférieure, en laissant souvent quelqu'intervalle entr'elles et les mâles.

Les Typha, communs et répandus sur la plus grande partie du globe, étaient connus et utilisés a Rome où, suivant Strabon, ils étaient l'objet d'un commerce considérable. Nos pauvres paysans en utilisent toutes les parties : les racines, épaisses, noueuses, confites au vinaigre, leur tiennent lieu de conserves; elles pourraient les guérir du scorbut comme en Russie. Les tiges et les feuilles servent de fourrage et de litière à la chèvre, nourrice de leur famille; elles couvrent leurs toits, garnissent leurs siéges, fournissent des matériaux à leur industrie qui en tresse des nattes; le duvet moelleux et elastique des fleurs est l'édredon de leur oreiller, en un mot la Providence tire de cette herbe vulgaire de nos étangs, de nos marais, de nombreuses et riches ressources en faveur de l'indigence.

Les différents insectes observés sur les *Typha*, l'ont été sur le T. latifolia.

COLÉOPTERES.

Telmatophitus typhæ. Fall.— Ce Brachelytre vit sur les Typha.
Erirhinus festucæ. Herbst. (E. Typbæ. Ahrens.) —V. Peuplier.
Cryptophagus Typhæ. Gyll. — La larve de ce Clavicorne se developpe sur cette plante.

(1) Ce nom grec qui signifie *marais*, a été donné ensuite à ces plantes et à une espèce de riz qui croissent dans ces lieux.

Donacia Typhæ. Brahm. —V. T.

———————— Potamogeton.— La larve a été observée par M. Suffrian.

———————— hydrocharidis. Fab. — Même observation.

———————— tomentosa. Ahr. - Même observation.

LÉPIDOPTÈRES.

Nonagria nexa. Hubn. — V. Sureau. La larve a été observée par M. Héring.

Nonagria cannæ. — Même observation.

———— typhæ. Esp. — La chenille a été observée par M. Esper.

Simyra venosa. Borkh. — Saule.

G. SPARGANIUM. SPARGANIUM. Tourn.

Fleurs mâles en chatons globuleux ; femelles à périgone de trois folioles et à ovaire sessile.

A côté des Typha dont les propriétés sont si diversifiées en faveur de nos chaumières, se trouvent dans les ruisseaux comme dans la classification naturelle les *Sparganium*, nommés vulgairement Rubanniers, à cause de leurs longues feuilles étroites, qui flottent sur les eaux. Ceux-ci sont employés à la plupart des mêmes usages. L'économie domestique en fait aussi de solides liens, et ces rubans d'eau étaient autrefois les bandelettes dont les pauvres mères se servaient pour emmailloter leurs enfants. Enfin ces plantes présentent des propriétés salutaires. Depuis l'antiquité leurs racines sont reconnues sudorifiques et propres à guérir la morsure des serpents.

Les insectes qui vivent sur les *Sparganium* sont assez nombreux.

COLEOPTERES.

Cryptophagus sparganii. Sturm. — V. Typha.

Erirhinus sparganii. Sturm. — V. Peuplier.

Telmatophilus sparganii. — Les larves vivent dans les fruits du *Sparg ramosum*. H. Perris.

————— caricis. Même observation.

Donacia sagittariæ. Linn. — V. Potamogéton. M. Perris a observé le développement de cette espèce sur le Sparg. ramosum.

La larve est ovoïde, convexe en-dessus, aplatie au-dessous, atténuée en avant, à tête très petite, mandibules courtes et mâchoires fortes. Le corps n'offre que onze segments et huit paires de stigmates. Cette larve vit entre les feuilles du *Sparganium* et au collet des racines, elle paraît se nourrir plutôt de la sève que du tissu, car on la trouve toujours au milieu d'une mucosité. M. Perris explique la respiration de cette larve par la même loi qui l'opère dans l'Hydrocampa stratiotalis. (Voyez ce mot.) Avant de se métamorphoser, la larve s'enfonce dans la vase, s'accroche à une racine du *Sparg.*, et y colle une coque elliptique formée de salive visqueuse, sans mélange de terre, qui semble soyeuse sans être formée de soie. M. Perris présume que la larve façonne sa coque en tuméfiant et en raccourcissant à la fois son corps, elle y répand sa salive qui devient solide en se desséchant, et le corps, en se contractant, se trouve à l'aise dans la coque.

Donacia lemnæ. Fab. — V. Potamogeton.

M. Mulsant a observé la larve qui se développe dans une coque sur le Sparg. ramosum.

————— linearis hope. — Il se développe entre les feuilles des *Sparg. ramosum* et *simplex*

————— typhæ Bruhm. — Il vit aussi sur le *Sparg. ramosum*. Suffrian.

————— simplex. Feb. — Il vit sur les *Sparg. ramosum* et *simplex*.

————— hydrocharidis Feb. — Sur le Sparg. simplex.

————— tomentosa. Ahr. — Sur le Sparg. simplex.

————— sparganii. Ahr. — Même observation.

LÉPIDOPTÈRES.

Nonagria sparganii. Esp. — V. Sureau M Guénée a observé la chenille sur des Sparganium.

Colobius sparganiellus. Dup. — La chenille de cette Tinéide, suivant l'observation de M Guénée, vit et se métamorphose dans les tiges ou les racines du *Sparg. nutans*. Elle est très effilée, avec la partie postérieure anguleuse ; elle est transparente et parsemée de quelques poils ; elle est munie de deux plaques cornées, l'une sur le premier segment, l'autre sur le dernier ; sur le dos de celui-ci on remarque deux stigmates. La chrysalide est longue avec les segments de l'abdomen garnis circulairement de dents comme celles des Cossus.

FAMILLE.

CALLACEES. Callaceæ. Spach.

Périanthe nul ; ovaire solitaire ; feuilles à nervures palmées ou pétalées.

G. GOUET. Arum. Linn.

Spathe en forme de cornet ; spadice androgyne ; fleurs mâles insérées au-dessus des femelles.

Les Arum dont le nom vulgaire de Pied de veau exprime la forme de la feuille, présentent des qualités énergiques qui les rendent tour à tour vénéneux, alimentaires et pourvus de propriétés singulières. L'âcreté brûlante de leurs sucs fait de toutes les parties de ces plantes un poison violent que la médecine emploie cependant en émétique. Les racines, composées presqu'uniquement de fécule, donnent une nourriture saine et agréable lorsqu'elles sont dégagées de ce principe caustique par la dessiccation. Elles ont aussi la propriété du savon. Les fleurs de quelques espèces ont une odeur cadavéreuse qui trompe les mouches de la viande, attirées par l'instinct d'y déposer leurs œufs, tandis que les poils raides et dirigés en dedans qui hérissent la spathe, retiennent ces mouches prisonnières, lorsqu'elles ont cédé à cette séduction. Enfin ces fleurs offrent un phénomène qui n'a été signalé dans aucune autre plante : le spadice, c'est-à-dire leur axe commun, acquiert une chaleur considerable qui dure plusieurs heures pendant la fécondation et qui peut s'élever à 50 degrés, la chaleur atmosphérique étant à moins de 20. Ce dégagement de calorique qui paraît produit par l'excitation momentanée des forces vitales, se produit probablement dans d'autres fleurs, mais dans des proportions moindres qui ne le rendent pas accessible à nos sens.

Les deux Lépidoptères suivants sont les seuls insectes qui aient été signalés sur les *Arum* :

Cucullia. Dracunculi. Hubn. — Cette Noctuélite a le collier du thorax relevé en capuchon ; la chenille est épaisse, lisse, de couleurs vives ; elle mange les fleurs de préférence et s'enterre profondément pour se métamorphoser. La chrysalide a une gaîne ventrale détachée de l'abdomen et terminee en spatule ; la coque est composée de terre et de soie,

Tryphœna. Janthina. Linn. — V. Hêtre.

CLASSE.

GLUMACEES. Glumaceæ. Bartl.

Fleurs sans perianthe, disposées en épis ou épillets, accompagnées de bractées glumacées; etamines ordinairement au nombre de trois ; pistil ordinairement à 2 ou 3 styles ; ovaire inadhérent, uniovulé.

Cette classe n'est composée que de deux familles, mais ce sont les Cypéracées et les Graminées : les premières, généralement aquatiques ou riveraines, peu usuelles, à l'exception de l'un des végétaux les plus célèbres de l'antiquité, le Papyrus, dont l'écorce nous a transmis tous les antiques monuments de l'esprit humain, ces precieux aliments de l'âme ; et les Graminées à qui nous devons la subsistance du corps, le pain que Dieu nous donne chaque jour.

FAMILLE.

CYPÉRACEES. CYPERACEÆ. Nees.

Graines libres; chaumes sans nœuds, le plus souvent anguleux.

Cette famille est encore comme les précédentes, composée de plantes pour la plupart aquatiques ou riveraines; c'est une des différences qui la distinguent des Graminées qu'elle précède. Quoiqu'aussi nombreuse en espèces, elle l'est beaucoup moins en genres. Elle est divisée en plusieurs tribus (1) dont trois seulement ont fourni des observations entomologiques.

TRIBU.

CYPERÉES. CYPEREÆ. Nees.

G. SOUCHET. CYPERUS. Linn.

Fleurs hermaphrodites, dénuées de soies.

Les Souchets, dont le nom paraît provenir de leur ressemblance avec les Joncs, (2) se font reconnaître à leurs racines épaisses et rampantes, à leur chaume élevé, souvent triangulaire, sans nœuds, nu ou garni de feuilles étroites, à leurs fleurs formant un thyrse terminal et élégant. Répandus sur toute la terre, ils ont des propriétés diversement employées. Leurs racines traçantes les font planter sur les dunes de la Hollande pour en fixer les sables; celles du Souchet odorant répandent un parfum aromatique qui décèle un principe stimulant très énergique; celles du Souchet comestible sont chargées de tubercules dont la saveur douce, agréable leur a mérité le nom d'Amandes de terre. Mais ces qualités n'approchent pas de celles du Souchet à papier, le fa-

(1) Les Cypérées, les Scirpées, les Hypolytrées, les Rhynchosporées, les Sclérirées, les Elynées, les Caricées.

(2) Juncus, Juncetus, Jungetum. Les Italiens donnent au Souchet odorant le nom de Giuncho odorato ; les Espagnols, celui de Juncia odorosa. Ménage.

meux Papyrus des anciens (1) qui dès avant Moïse et jusques au moyen âge.

> . . . . a servi l'art ingénieux
> De peindre la pensée et de parler aux yeux.

Chaque hampe fournissait dans son épaisseur 12 à 20 feuillets dont la preparation (2) constituait une industrie très perfectionnée au temps d'Auguste.

Indépendamment de cette importante propriété, le Papyrus était pour les Egyptiens d'une utilité merveilleuse. La partie inferieure de la tige leur offrait une nourriture saine et succulente. Les racines leur servaient de combustible et se façonnaient en vases. Des premières couches de la plante on fabriquait des vêtements, des voiles pour les vaisseaux; de la tige entrelacée en natte on construisait même des barques qui, enduites de bitume, servaient à la navigation sur le Nil. Enfin le peuple reconnaissant exprimait dans ses hiéroglyphes l'ancienneté de son origine par un faisceau de Papyrus, comme sa première nourriture et le thyrse de cette plante lui tenait lieu de fleurs pour orner les autels des Dieux.

Un seul insecte a été observé sur les Souchets; c'est le Lépidoptère.

Leucania Cyperi. B. D. — V. Châtaignier.

TRIBU.

SCIRPEES. Scirpeae. Nees.

G. SCIRPE. Scirpus. Linn.

Fleurs hermaphrodites, munies de six soies.

---

(1) Le nom grec de Papyrus paraît dériver du nom égyptien Babur ou Berde.

(2) La fabrication du papier consistait, après avoir coupé les deux bouts de la plante, et enlevé les couches extérieures, à diviser la partie moyenne avec une aiguille en longues lames ou feuillets circulaires très minces, et à croiser ensuite sur ces feuillets, réunis dans leur longueur, d'autres feuillets posés transversalement, qu'on unissait étroitement les uns aux autres en les imbibant d'une eau collante et en les soumettant ensuite à l'action de la presse.

Les Scirpes qui sont au nombre des plantes aquatiques les plus communes et les plus élevées, sont confondus avec les Joncs par le peuple et connus sous les noms de Joncs des étangs et des chaisiers, qui indiquent leur station et leur utilité la plus ordinaire, au moins en Europe. Une espèce bien plus utile encore, *Scirpus tuberosus*, Roxb. est cultivée à la Chine pour les tubercules de ses racines, nommés *Pi-tsi*, châtaignes d'eau, qui sont recherchés comme un aliment agréable, sain et doué d'un grand nombre de propriétés médicales probablement préconisées comme tant d'autres par le charlatanisme.

Le nom de Scirpus que Linnée a assigné à ce genre était chez les Romains synonyme de Juncus, comme ses dérivés, et se retrouve dans tous les auteurs : c'est ainsi que Térence rapporte le proverbe *Nodum in Scirpo quærere*, cette grande infirmité de la nature humaine de chercher la vérité, le bonheur où ils ne sont pas, de poursuivre de vains fantômes qui nous font tomber de déceptions en déceptions, si nous ne tenons le fil d'Ariane.

L'homme est de glace aux vérités,
Il est de feu pour le mensonge.

Les insectes observés sur les Scirpes sont :

COLÉOPTÈRES.

Erhirinus festucæ. Herbst.—V. Peuplier. La larve se développe sur les Scirpus maritimus et lacustris en vivant dans la tige dont il ronge la moitié de l'épaisseur.

Erirhinus Scirpi. Fab. — ibid.

Donacia Typhæ. Brahm. — V. Potamogeton. M. Suffrian en a observé le développement dans le Scirpus maritimus.

LÉPIDOPTÈRES.

Nonagria cannæ. Tr.— V. Sureau. Observé sur les Scirpes par M. Hering.

Leucania Scirpi B D. — V. Châtaignier. Observé sur les Scirpes par M. Guénée.

Scirpophaga phantasmella Tr. — Cette Platyomide a la trompe nulle ou rudimentaire, l'abdomen terminé par une touffe épaisse de poils, et les pieds postérieurs très allongés. La chenille a une plaque cornée sur les deux premiers segments. Elle vit et se métamorphose dans les tiges des Scirpes.

Chilo phragmitellus. Tr.—Cette Schœnobide a la trompe courte et membraneuse, et les palpes inférieurs aussi longs que la tête et le thorax réunis; la chenille est nue, effilée. La chenille vit et se métamorphose dans les tiges des Scirpes ; la chrysalide est munie d'une protubérance au devant de la tête et terminée par une pointe dentelée circulairement.

Schœnobius forficellus. Tr. — Cette Schœnobide a la trompe rudimentaire; les palpes inférieurs sont aussi longs que dans les *Chilo*. La chenille vit et se métamorphose dans les Scirpes. La chrysalide est enveloppée d'un tissu solide.

TRIBU.

CARICEES. Caricee. Reichenb.

G. LAICHE. Carex. Linn.

Fleurs monoïques ou dioïques ; bractées imbriquées en tous sens.

Les Carex dont on connaît le nombre prodigieux de 500 espèces sont des herbes marécageuses, au feuillage rude, scabreux, à la tige triangulaire, tranchante, à laquelle ils doivent leur nom dérivé du verbe grec *couper*, tandis que leur nom français était primitivement Careiche qui en provient évidemment, et qui pourrait bien être devenu Laiche par abréviation et altération. Quoi qu'il en soit, ces plantes que leur rudesse rend peu utiles à la nourriture des bestiaux, rachètent ce désavantage par les propriétés médicales de leurs racines qui sont aromatiques, sudorifiques, détersives et apéritives. Ces racines traçantes et fibreuses sont aussi très propres à raffermir les sables mouvants des dunes.

COLÉOPTÈRES.

Cryptophagus Caricis. Fab. — V. Typha.

Melolontha Fullo. Linn. — La larve de ce Hanneton se nourrit des racines de Carex. Dans l'état de nymphe, sa retraite se décèle par un gros trou pratiqué ordinairement dans le talus des buttes de sable des dunes

Heterogaster Claviculus. Meyer. — Il se trouve en nombre immense sur les Carex.

Heterogaster glandicolor. id. — ibid.

Telmatophilus Caricis. —La larve vit dans les fruits du Sparganium ramosum : Perris.

Donacia linearis, Hopp. — V. Potamogéton. M. Suffrian l'a observé sur les Carex *riparia*, *paludosa*, *glauca et panicea*.

Donacia discolor. Hopp. ibid. — Il vit sur les fleurs des *C. paludosa*, *glauca*, *panicea et Stricta*. Suff.

Donacia nigra. Fab. — Ibid. sur les *C. riparia*, *cespitosa et Scuta*. Suff.

Donacia Typhæ. Brahm. — Ibid. Sur les C. paludosa et riparia. Suff.

Donacia simplex. Fab. — Ibid. Sur les C. paludosa et riparia. Suff.

Donacia Lemnæ. Fab. —Ibid. Sur divers Carex. Ghiliani.

HÉMIPTÈRE.

Chorosoma arundinis. Curtis. — Cette Cimicide vit sur le Carex hirtus. Gorski.

LÉPIDOPTÈRES.

Satyrus œdipus. Linn. — V. Bruyère. Il se trouve dans de grandes clairières d'un bois de la Sologne, où croît en abondance une espèce de grand Carex, mais il ne se repose jamais que sur la Bruyère. Pierret.

Arctia lubricipeda. Fab. Ibid. — V. Poirier. M. Hering a observe la chenille sur des Carex.

Arctia urticæ Esper. — Ibid.

——— menthastri. Fab. — Ibid.

Leucania caricis. Tr. — V. Châtaignier.

Simyra venosa. Borkh. — V. Saule. La chenille vit sur tous les Carex. Hering.

Plusia festucæ. Linn. — V. Lonicère. La chenille vit sur le C. ampullacea.

DIPTERE.

Cecidomyia riparia. Loew. — La larve vit dans les fleurs mâles du Carex riparia.

FAMILLE.

GRAMINEES. Gramineæ. Juss.

Fleurs groupées en épillets accompagnés chacun d'un petit involucre de deux glumes similaires concaves, l'une externe, l'autre interne. Etamines hypogynes au nombre ordinaire de 3 ; pistil ordinairement à 2 styles. Graine adhérente au péricarpe.

La bonté divine, si prodigue de ses dons en faveur des hommes, ne s'est nulle part manifestée avec autant de sollicitude pour leurs besoins matériels que dans cette famille végétale. Elle s'y est montrée cette fois universelle, en étendant le bienfait à toute la terre habitable. Cette famille a été créée pour pourvoir à la subsistance des hommes et de leurs animaux domestiques. elle suffit à leur nécessaire. Elle leur donne le pain, la chair, le lait, la laine de ses bestiaux, le chaume pour couvrir leur toit. Mais ces plantes providentielles ne leur ont été accordées qu'à condition de les cultiver, et il en est resulté un autre bienfait, celui de la civilisation par l'agriculture, par la propriété, par la vie sédentaire qui en sont dérivées.

Pour remplir cette haute destination les Graminées ont été adaptées à tous les climats et la culture en remonte aux premiers âges du monde. Partagées en deux grandes sections dont la première, sous le nom de Céréales, sert plus particulièrement de nourriture aux hommes et l'autre à celle des bestiaux, chaque espèce a sa zone plus ou moins déterminée. Parmi les Céréales l'Orge et l'Avoine s'avancent dans le nord ou sur les montagnes jusqu'aux dernières limites de la végétation; le Seigle vient ensuite et il est suivi lui-même par le blé qui occupe toutes les régions tempérées. Le Riz lui succède, en avançant vers le midi, et il est remplacé par le Maïs, entre les tropiques. Enfin comment passerions nous sous silence la Canne à sucre qui ne produit que du superflu, si l'on veut. mais de ce superflu chose fort nécessaire.

Cette distribution géographique, qui paraît primitive, ne s'oppose pas à la culture des Céréales dans les différentes zones, et c'est ainsi que nous les cultivons toutes dans nos contrées tempérées. Leur importance est telle que non seulement elles sont la base de la nourriture des populations, mais qu'elles sont une source immense de travail, d'industrie, de commerce, de navigation; qu'elles préoccupent les gouvernements, les législateurs, provoquent des crises politiques, ébranlent les Etats.

Les autres Graminées, dont les graines sont généralement trop petites pour nourrir les hommes, servent de fourrage aux bestiaux. Elles forment en grande partie le gazon des prairies, soit qu'une seule espèce couvre des contrées entières de ses innombrables individus, comme dans les steppes de l'Asie, soit qu'une multitude d'espèces diversifient la fraîche verdure qui donne tant de charme à nos paysages.

Cette famille, composée d'une multitude de tribus, de genres et de plus de 3,000 espèces connues, nombre très inférieur sans doute au nombre effectif, est cependant l'une des plus naturelles du règne végétal, présentant la plus grande unité de composition jointe aux modifications les plus diversifiées du type. Parmi ces dernières, on s'étonne de voir celle que présentent les Bambous, ces arbres graminées qui, dans l'Inde et à la Chine, rivalisent d'élévation et d'élegance, ainsi que d'utilité, avec les Palmiers.

Généralement herbacées, les Graminées présentent un chaume creux, dont quelques nœuds font toute la force. Leurs épis, serrés ou épars en larges panicules, portent des fleurs peu distinctes. Au temps de la fécondation, le matin, lorsque le soleil paraît sur l'horizon, les anthères s'élèvent, s'agitent au-dessus des stigmates, se renversent l'une après l'autre, et le pollen s'échappe par petites bouffées. Au surplus, ces végétaux si utiles n'ont aucun éclat. Autant ils sont nombreux, autant ils sont simples et modestes, leur nature populaire se prête à des allusions, et Linnée qui avait autant de poésie dans le cœur que de science dans la tête, les a caractérisés d'une manière fort piquante, mais qui était plus juste de son temps que du nôtre. Voici la traduction de sa phrase latine :

« Les Gramens, plébeiens, campagnards, pauvres, gens de chau-
» me, très simples, très vivaces, constituant la force et la puissance
» du royaume végétal, et se multipliant d'autant plus qu'on les
» maltraite davantage et qu'on les foule aux pieds (1). »

Les insectes qui vivent sur les Graminées sont nombreux, quelques uns leur sont très nuisibles ; les larves des Hannetons, des grandes Tipules, les chenilles des Noctuelles, dévorent les racines des herbes de nos prairies. Les Calandres, les Teignes, les Alucites, les Agrotis, les Chlorops, les Céphus, les Saperdes, les Sauterelles et une multitude d'autres, attaquent particulièrement

---

(1) Gramina plebeii, rustici, pauperes, culmacei, simplicissimi, vivacissimi, regni vegetabilis vim et robur constituentes qui quo magis multati et calcati, magis multiplicati. Linn.

les Céréales, et nuisent aux récoltes de manière a produire une perte annuelle de 200 millions.

Parmi les insectes qui ont été observés sur les Graminées dont les espèces n'ont pas été signalées, nous mentionnons les suivants :

COLÉOPTÈRES.

Limonius bipustulatus. Fab.— V. Pin Sylvestre.
Cardiophorus ruficollis. Fab. — V. Hêtre.
—————— asellus. Tr. — Ibid.
Ampédus sanguineus. Fab. — V. Pommier.
Ludius cruciatus. Fab. — V. Cytise.
Melolontha vulgaris. Linn. — V. Erable.
Rhinocyllus lareynii.— au pied des Graminées.
Chrysomela graminis. Fab. — V. Saule.
————— hœmoptera. Fab. — Ibid.

ORTHOPTERE.

Locusta viridissima. Linn. — V. Vigne.

HEMIPTERES.

Tricephora sanguinolenta. Linn. — Cette Cicadelle suce les Graminées.
Aphrophora spumaria. Linn. — V. Weigelia.

LEPIDOPTÈRES.

Arge galathea. Linn. — La chenille de cette Satyride est pubescente ; la chrysalide ne se suspend pas et repose à nu sur la erre.
Erebia cassiope. Fab. — V. Grenadier.
Satyrus mœra. Linn. — V. Bruyère
— — — ægeria. Linn. — V. Ibid.
——— circe. Fab. — V. Ibid.
Nemeobius lucina Linn. — Cette Erycinide a les pieds ante-

rieurs des mâles incomplets. La chenille est ovale, hérissée, la chrysalide est attachée par la queue et par un lien transversal.

Chelonia aulica. Linn. — V. Cerisier.
Arctia fuliginosa. Linn. — V. Poirier.
Lasiocampa quercifolia. Linn. — V. Poirier
Odonestis potatoria. Linn. — V Brome.
Agrotis putris. Linn   V Bruyère.
Charœas graminis. Linn. — Cette Noctuélide a les ailes superieures courtes. La chenille qui est rase, ronge les racines des Graminées, de manière à dévaster quelquefois les moissons. Elle se transforme dans la terre

Crambus pratellus. Tr. — V. Tamarisc.
———— culmellus. Tr — V. Ibid

TRIBU.

ORYZEES. Oryzeæ. Kunth.

Epillets uniflores ; glumes souvent nulles ou reduites a la paillette inférieure ; fleurs souvent diclines, à six étamines.

Cette tribu comprend plusieurs genres, parmi lesquels domine le Riz dont nous avons à nous occuper.

G. RIZ. Oryza. Linn.

Epillets biglumes ; glumes petites, membraneuses ; fleurs hexandres.

Si le Blé est la base de la nourriture des hommes dans toutes les parties tempérées du globe, le Riz remplit la même destination dans toutes les régions méridionales, et présente ainsi une importance plus grande encore, sa sphère s'étendant sur les deux tiers des habitants de la terre. Le Riz comme le Blé peut être considéré comme l'un des plus grands éléments de la civilisation, puisqu'il a fait renoncer les hommes a la vie nomade des chasseurs et que sa culture remonte à l'origine des peuples civilisés. Son nom arabe Arez, d'où sont venus Oryza et Riz, est aussi hebreux, il a été employé par Moïse dans l'Exode, chap. 16, suivant le savant Grotius. Numa, dans l'enfance du peuple romain, prescrivit des offrandes aux dieux parmi lesquelles le Riz avait la prééminence.

De sa patrie, soit africaine, soit asiatique, le Riz, introduit dans l'Europe méridionale en concurrence avec le Blé, parvint en Amérique, patrie du Maïs, et s'y naturalisa également. Partout il dut son succès à l'excellence de son grain et à l'extrême abondance de ses récoltes (1) qui, dans l'Asie et particulièrement dans l'Indoustan, s'élèvent à trois et même à quatre chaque année.

Cependant, à côté de ces avantages, la culture du Riz présente, sous le rapport de la salubrité du sol, des inconvénients graves qui, du reste, n'existent que pour l'Europe et l'Amérique. Comme plante à peu près aquatique, le Riz est cultivé en Egypte et en Chine, (2) dans des terres arrosées artificiellement par des eaux qui s'écoulent sans altérer la pureté de l'air. En Europe et en Amérique, au contraire, cette culture ne se fait que dans des terres marécageuses, d'où s'exhalent des miasmes délétères, meurtriers pour les populations, et elle ne peut se concilier avec les intérêts de l'humanité. Aussi est-elle interdite en France, et n'est-elle tolérée en Italie et en Espagne qu'en faveur des mesures prises par les gouvernements, soit pour écarter les rizières des lieux habités, soit pour en atténuer les ravages par des travaux hydrauliques.

Au surplus, lors même que la raison de salubrité n'existerait pas, la culture du Riz, comme plante méridionale et aquatique, ne pourrait être encore que d'un intérêt secondaire

---

(1) Le rendement du grain est de 80 et même de 100 pour un.

(2) En Chine, on cultive souvent le Riz sur des radeaux ou espèces d'îles flottantes, formées avec des nattes de Bambous, et chargées d'une quantité suffisante de terre pour favoriser la végétation, et permettre que les racines de la plante demeurent en contact habituel avec l'eau courante.

en Europe, et entrer en concurrence avec le Blé; mais, considéré comme substance alimentaire accessoire, le Riz nous présente une nourriture saine, agréable et substancielle; sous les formes nombreuses qui lui sont données, il est également précieux par ses propriétés médicinales, réparatrices et hygiéniques.

Le Riz est donc en Europe aussi utile que le Blé est nécessaire, mais ensemble, ils sont les nourriciers de l'humanité entière.

> Mais deux plantes surtout, par leurs tributs divers,
> Se disputent l'honneur de nourrir l'univers.
> Ainsi fut adopté par la moitié du monde,
> Le Riz, fils de la terre et nourrisson de l'onde,
> Qu'adore l'Indien, dont le grain savoureux
> Défie et la tempête et les vents rigoureux,
> Et qui pour la beauté se tressant en coiffure,
> Fournit de ses chapeaux l'élégante parure.
> Tel surtout le Froment que Cerès nous donna,
> De ses premiers épis couvrit les champs d'Enna,
> Salutaire aliment payé de tant de peines,
> Premier besoin de l'homme et l'honneur de nos plaines
> (Delille, les Trois-Règnes.)

Nous ne pouvons douter que le Riz, dans l'état de végétation, ne soit attaqué par de nombreux insectes, mais aucun, à notre connaissance, n'a encore été signalé. Deux Coléoptères sont seulement connus comme dévorant son grain.

Calandra oryzæ. Fab. — Ce Charençon dépose un œuf sur un grain de Riz, la larve qui en provient y pénètre et le dévore, et par son extrême fécondité y produit de grands ravages.

Silvanus sexdentatus. Fab. — V. Poirier. M. Blesson a observé que la larve vit dans les tas de Riz.

TRIBU.

PHALARIDÉES. Phalarideæ. Kuntz.

Fleurs biglumes. Glumes ordinairement égales. Styles ou stigmates ordinairement allongés.

Parmi les plantes européennes que comprend cette tribu, se trouvent plusieurs herbes de nos prés, nourricières de nos bestiaux : les Vulpins, les Phalaris, les Flouves, les Phléoles qui entrent dans la composition de nos meilleurs fourrages. Parmi les exotiques d'origine, brille le Maïs, cultivé dans toutes les parties du monde et l'un des éléments les plus féconds de la subsistance du genre humain.

G. MAIS. Zea Linn.

Fleurs monoïques; les mâles en panicule terminal, les femelles en épis denses, solitaires aux aisselles des feuilles supérieures. Un seul style.

Cette belle plante se distingue par sa tige élevée, droite, robuste, garnie de feuilles allongées, par le thyrse élégant de ses fleurs mâles, qui s'élève à son sommet, et par les beaux épis, accompagnés de leur longue chevelure, que présentent les fleurs femelles. On la cultiverait pour sa beauté, si on ne le faisait pour son utilité qui s'étend sur la plus grande partie du globe.

Le Maïs est, après le Riz et le Blé, le plus grand bienfait de la Providence pour l'alimentation du genre humain et en même temps pour la civilisation par l'agriculture. Propre comme le premier aux climats méridionaux, il s'est successivement étendu sur les cinq parties du globe, fournissant une part plus ou moins grande de la nourriture des populations en même temps que des bestiaux, sans que l'on soit encore d'accord sur sa patrie primitive. Cette question a eu trois phases très distinctes.

Vers la fin du siècle dernier [1], le Maïs passait pour provenir des Indes, d'où il avait été apporté en Turquie, et cette opi-

---

[1] Avant cette époque, on a cru reconnaître le Maïs dans le Sésame des Grecs, dans le Far des Romains, d'où provient le mot farine, dans le Blé Sarrazin, dans le Millet. Holcus Sorghum dont parle le Dante dans sa Divine Comédie.

nion l'avait fait appeler Blé de Turquie ou de l'Inde. Peu d'années après l'on s'accorda à croire qu'il était originaire d'Amérique, et cette opinion était fondée sur ce que les Européens en ont trouvé la culture établie dans cette partie du monde, lors de la découverte, et de manière à ne laisser aucun doute que ce ne fut depuis une époque immémoriale. Mais cette origine americaine est maintenant contestée par plusieurs objections très fortes qui ramènent à la première opinion. En effet, suivant l'observation de M. Bonafous, la tradition indienne paraît démontrer la culture du Maïs dans cette partie de l'Asie depuis une époque antérieure à la découverte de l'Amérique. En second lieu, le traité d'histoire naturelle de Li-Tchi-Tchin, qui a été écrit vers le milieu du 15ᵉ siècle, parle de l'existence du Maïs en Chine à une époque tellement rapprochée de celle de la découverte de l'Amérique que l'on ne doit pas rapporter à cet évenement l'introduction de cette plante en Asie. Enfin le Maïs trouvé à Thèbes, dans le cercueil d'une momie (par M. Rifaut en 1819, après trente ou quarante siècles, serait une relique précieuse, mais unique, qui prouverait son existence en Afrique dès les temps les plus réculés. (1) Il faut donc croire que le Maïs, originaire de l'ancien monde, a été porté à une époque fort ancienne dans le nouveau, d'où il a été introduit en Europe. C'est dans l'histoire de Venise par Bembe, publiée en 1530, qu'est signalé le Maïs pour la première fois dans cette partie du monde.

Le nom du Maïs est américain ; quant à celui de Zea que lui a donné Linnée, il est grec, mais paraît avoir été employé par Homère, Théophraste et Pline pour nommer l'Epeautre.

Quoi qu'il en soit, le Maïs est devenu l'objet d'une grande culture dans tous les climats meridionaux, mais surtout en Amérique où il est la base de la nourriture des hommes, comme

(1) M de la Chatre, Encycl. du XIX.ᵉ siècle.

le Riz en Asie et en Afrique, et le Blé en Europe, et il doit cette faveur a toutes les qualités qui le recommandent : l a-bondance de son produit, (1) les propriétés nutritives de son grain, les nombreux usages que l'on en fait : la millasse des Gascons, la polenta des Piémontais, du sucre à la nouvelle Or-leans, de l'alcool au Mexique, la nourriture la plus substan-cielle pour les bestiaux dans le midi, et un excellent fourrage vert dans le nord.

COLEOPTERES.

Agriotes segetis. Fab. (Elater Maydis.) Angellini. — V. Vigne.
Melolontha vulgaris. Linn.—V. Erable. La larve, le ver blanc, porte dans le Béarn le nom de laire, et dévore la racine du Maïs.
Pedinus glaber. Fab. — La larve de cet Hétéromère dévore aussi la racine

ORTHOPTERES.

Gryllo talpa vulgaris. Linn. — Même observation.
Acrydium migratorium. Linn. — Il détruit le feuillage.
— italium. Hab. — Même observation.

HEMIPTERES.

Aphis Zeæ. Bonafous. V. Cornouiller. — On le trouve en abondance à l'aisselle des feuilles caulinaires et entre celles de l'épi.
Coccus Zeæ. L. Duf. — V. Romarin.

LEPIDOPTÈRES.

Heliothis armigera. Dup. — V. Coudrier. Cette espèce se trouve dans tous les pays où l'on cultive le Maïs
Heliothis peltigera. Guen. — Même observation.

(1) Il atteint en Amérique le chiffre de 119 hectolitres par hectare

Leucania Zeæ. Dup — V. Châtaignier. La chenille mange les barbes de l'épi et pénètre entre les balles qui le recouvrent.

Leucania Scirpi. B. D. — Même observation.

— Loreyi. Dup. — Même observation.

Plusia Gamma. Linn. — V. Lonicère.

Agrotis præcox. Fab. V. Bruyère. La chenille attaque la tige.

Pyralis ruralis. Villiers. — V. Tamarisc.

Botys Silacealis. Hubn. (B. cupulialis, Clerck.) — V. Tamarisc. La chenille pénètre dans la moelle du Maïs, la dévore, fait jaunir la plante et cause sa mort. Passerini.

Tinea Zeella. Villiers. — V. Clématite. La chenille vit dans le cœur des panicules et de l'épi.

G. VULPIN. Alopecurus. Linn.

Fleurs hermaphrodites. Glumes connées à la base. Styles terminaux. Stigmates très-longs, plumeux. Epillets agrégés en panicule serrée.

« L'Alopecurus, dit Pline, donne un epi doux au toucher, qui
» est rembourré de coton, de sorte qu'il ressemble à une queue
» de renard dont les Grecs lui ont donné le nom. » C'est aussi l'origine du nom de Vulpin. Cette herbe des prairies qui bordent nos rivières, est une des plus précieuses par l'abondance et la qualité du fourrage qu'elle fournit.

Un seul insecte a été signalé sur ces plantes, c'est le Lépidoptère

Leucania alopecuri. B — V. Châtaignier. La chenille a été observée sur cette plante par M Guénée.

G. PHLEOLE. Phleum. Linn.

Fleurs hermaphrodites. Glumes obliquement tronquées au sommet. Styles terminaux. Stigmates plumeux. Epillets agrégés en panicule serre.

Les Phléoles, voisines des Vulpins par les caractères botaniques, le sont aussi par leurs qualités comme fourrage, et quelques espèces habitent les mêmes lieux. La Phléole des prés, que nous reconnaissons à l'épi chargé d'étamines violettes ou roses, est la même à laquelle les Anglais donnent le nom de Thymothy-Grass, et qui a été importée en France, comme espèce nouvelle, pour en faire des prairies artificielles.

Le nom de Phleum, qui a été donné à ces plantes par Haller, et qui signifie abondance, a été francisé en Phléon, Phleole, Fléole et Fléau, et ce dernier a paru provenir de la forme de l'épi qui représente la batte de l'instrument du cultivateur, dont le nom dérivé de *flagellum*, offre une seconde acception et laisse dans l'esprit une impression bien différente.

Insectes que l'on trouve sur les Phléoles.

COLÉOPTÈRES.

Anomala rugatipennis. Graills. — V. Vigne. On la trouve souvent suspendue par les pieds postérieurs aux tiges grêles des Phléoles.

Anisoplia agricola. Fab. — V. Rosier. Même observation.

LÉPIDOPTERE.

Arge galathea. Linn. — La chenille de cette Satyride est peu allongée, pubescente, a tête globuleuse. La chrysalide n'est pas suspendue et repose à nu sur la terre.

G. PHALARIS. Phalaris.

Fleurs hermaphrodites. Glumes presqu'égales. Styles terminaux. Stigmates en goupillons. Epillets agrégés en épis ou en panicule.

Théophaste et Pline donnaient le nom de Phalaris à une plante dont la tige en roseau donnait une graine semblable au Sésame, qui offrait un remède contre la pierre. Nos anciens botanistes, Bauhin, Dodonœus, Scheuchzer, ont cru la reconnaître dans les graminées dont il est question, et leur en ont donné le nom.

Parmi les nombreuses espèces qui composent ce genre, l'une d'elles, ou plutôt sa variété panachée, est cultivée dans nos jardins en faveur de ses feuilles agréablement rayées de vert, de blanc et de jaune ; l'autre, sous les noms d'Alpeste, de Graine d'oiseau, de Millet long, et originaire des Canaries, est l'objet d'une culture utile par sa semence, nourriture favorite des serins qui, dans leur état de servitude, préfèrent à toute autre graine celle de leur patrie.

Un seul insecte a été signalé sur les Phalaris : c'est un Hémiptère.

Coccus phalaridis. Linn. — V. Tamarisc. Il vit sur les racines du Phalaris canariensis. Brez.

G. HOUQUE. Holcus. Linn.

Fleurs diclines dans le même épillet, éloignées l'une de l'autre, la supérieure mâle, l'inférieure hermaphrodite. Epillets pédicellés, disposés en panicule rameux.

Le nom de Holcus, que Pline donnait à l'Orge des murailles, a été transporté par Linnée à un genre considérable de Graminées, qui comprend plusieurs espèces communes dans nos prairies, et d'autres qui sont exotiques et qui remplissent un rôle important dans l'économie domestique Tel est le Sorgho : originaire de l'Inde, il est la nourriture principale d'un grand nombre de peuplades de l'Afrique qui en font du pain. Il est aussi, mais moins, cultivé en Asie et même dans le midi de la France, sous le nom de Gros millet, mais seulement pour la nourriture de la volaille.

Deux insectes Lépidoptères ont été observés sur les Houques.
Satyrus hermione. Linn. — V. Bruyère. Observé par Brez.
Bombyx hieracii. Fab. — V. Ronce.

G. FLOUVE. Anthoxanthum. Linn.

Epillets triflores ; la supérieure hermaphrodite ; les deux inférieures neutres ; deux étamines. Epis agrégés en panicule simple.

Ce genre de plantes présente plusieurs particularités qui le recommandent à notre attention. Elles semblent moins bien traitées par la nature que les autres Graminées, sous le rapport de la fructification, chaque épillet offrant deux fleurs stériles sur trois, et la fertile n'étant pourvue que de deux étamines au lieu de trois, ce qui contrariait fort Linnée, contraint de l'éloigner de sa place naturelle dans le système sexuel. Cependant elles paraissent dédommagées de cette sorte d'infériorité organique par la faculté de porter de petites bulbes qui sont terminées par des feuilles rudimentaires et qui reproduisent la plante comme les graines.

Ces plantes, qui doivent leur nom grec à la couleur jaunâtre de leurs panicules, se font encore remarquer par l'odeur agréable, voisine de celle du Melilot, qu'elles exhalent et qu'elles communiquent au fourrage dont elles font partie, en le rendant ainsi plus appétissant et salutaire aux bestiaux.

Ces diverses particularités ont valu aux Anthoxanthum l'honneur d'être chantés par Darwin, dans ses amours des plantes. Nos esprits ne sont plus assez portés vers la poésie pour goûter des descriptions comme celle-ci, dont nous empruntons la traduction à Deleuze :

« Près de toi, Anthoxa, deux bergers (1) et deux sœurs, leurs
» épouses (2), se nourrissent d'ambroisie (3); au milieu des vastes
» landes où les bruyères étalent leurs fleurs de pourpre et mêlent
» leurs rameaux dorés, ils vivent enfermés dans une verte retraite
» (4), à l'abri de l'envie. Une fumée bleuâtre (5) s'élève de leur
» cabane de gazon : leurs enfants timides se jouant au sein des
» parfums (6), tantôt reçoivent les rayons bienfaisants du soleil,
» et tantôt se rafraîchissent aux gouttes cristallines de la pluie. »

(1) Les étamines.
(2) Les pistils.
(3) Le suc des nectaires.
(4) Les glumes.
(5) Le pollen.
(6) L'odeur des fleurs.

Un seul insecte a été signalé sur ces plantes : c'est un Lépidoptère.

Satyrus circe. Fab. — V. Bruyère.

TRIBU.

PANICÉES. Paniceæ. Kunth.

Epillets biflores (la fleur inférieure stérile, incomplète.)

G. PANIC. Panicum. Linn.

Fleurs biglumes. Glumes très inégales. Ovaire glabre à deux styles. Styles terminaux. Stigmates pénicelliformes.

Ce genre, qui compte plus de 400 espèces, en comprend plusieurs alimentaires. Tel est, surtout, le Panic Millet, qui, originaire de l'Inde, s'est répandu depuis un temps immémorial en Afrique et en Europe. Suivant Diodore, Pline, Columelle, les Romains en tiraient une grande utilité comme céréale; ils en faisaient du pain, d'où paraît dériver son nom; ils se bornaient souvent à en faire de la bouillie comme des différentes espèces de Blé, et cette forme qu'ils donnaient à ces aliments était si habituelle que les autres peuples leur avaient donné le nom de mangeurs de bouillie. Dans une partie de l'Italie, ils y mêlaient des fèves comme dans tout ce qu'ils apprêtaient. « Panico et Galliæ » quidem præcipue Aquitania utitur ; sed et circumpadada Italia » addita faba sine quâ nihil conficiunt. » Plin 1. 18.

Le Millet fait encore partie de la nourriture de l'homme dans l'Inde et en Afrique où il fait, avec le Sorgho, la base de la subsistance des Nègres. En France, il sert à nourrir les oiseaux.

Plusieurs espèces sont cultivées comme fourrage ; l'herbe de Guinée est un Panic naturalisé en Amérique et dont on a fait des essais en France.

Insectes des Panics :

COLEOPTÈRE.

Lema flavipes. Fab.— La larve se nourrit des feuilles du *Panicum italicum*.

LÉPIDOPTÈRES

Erebia Medusa. Fab. — V. Grenadier. La chenille de cette espèce a été signalée sur le Millet.

Satyrus hyperanthus. Fab. — V. Bruyère. Même observation.

TRIBU.

ARUNDINACÉES. ARUNDINACEÆ. Kunth.

Fleurs ordinairement à longs poils, glumes membraneuses aussi longues que les glumelles.

G. PHRAGMITE. PHRAGMITES. Tri.

Epillets de cinq à sept fleurs distiques, hermaphrodites, à l'exception de l'inférieure qui est neutre; rachis de l'épillet garni de longs poils. Panicule très-rameux, diffus.

Le Phragmite, c'est le Roseau vulgaire, qui aurait dû conserver ce nom si connu (1), le Roseau qui dans tous les temps, dans tous les lieux, a été employé à une multitude d'usages, et dont Pline a dit : « Belli pacisque experimentis necessariæ, atque » etiam deliciis gratiæ. » Les Grecs et les Romains en faisaient des flèches; ils s'en servaient pour écrire. Les bergers en taillaient leurs flûtes.

Hos tibi dant calamos, en accipe Musa. Virgile. Egl. 6.

Dépossédé de ces emplois élevés, le Roseau qui plie et ne rompt pas, reste utile au pauvre pour couvrir sa chaumière, pour nourrir sa chèvre, pour en former la litière, pour alimenter son industrie en lui donnant des matériaux à façonner des nattes, des paillassons, et jusqu'à d'humbles balais.

Le Roseau Phragmite nourrit d'assez nombreux insectes.

---

(1) Ménage dérive Roseau de *rauselum*, diminutif du latin barbare *rauseum*, qui se trouve en cette signification dans l'abbé Jonas, en la vie de Saint-Vulfran, archevêque de Sens : « Locorum palustrium, quæ plena erant *longissimis rausets virgultis*. » Le latin barbare *rauseum* a été formé de l'ancien allemand *raus*.

COLEOPTÈRES.

Odacantha melanura. Fab — La larve se nourrit et se développe dans les tiges.

Phytonomus arundinis. Fab. — Ce Curculionite se développe également dans les tiges.

Hypera rumicis. Fab. — Même observation.

Œdemera crassicollis. Gyll. (Oe. arundinis. Dahl.) — Cet Heteromère vit sur les Roseaux.

Donacia nigra. Fab. — V. Potamogéton, il vit entre les feuilles enroulées. Suff.

Donacia nigra. Fab. — Ibid.
————— simplex. Fab. — Ibid.
————— fennica. Payck. — Ibid.
————— hydrocharidis. Fab. — Ibid.
————— discolor. Hopp. — Ibid.
————— arundinis. Ahr. — Ibid.

HYMENOPTERE.

Cynips phragmites. Linn. — V Erable. Il vit dans des renflements qu'il détermine à l'extrémité des tiges.

HEMIPTÈRE.

Aphis arundinis. Fab. — V. Cornouiller. Il vit sur le Roseau *Epigeius*.

LEPIDOPTÈRES.

Odonestis potatoria. Linn. — La chenille de cette Bombycide est cylindrique, munie de deux aigrettes de poils, l'une sur le deuxième segment, dirigée en avant, l'autre sur le onzième, inclinée en arrière. Elle vit solitaire et se transforme dans un cocon ovale.

Cossus arundinis. Triepke. — V. Saule. Observé sur le Roseau par Hering.

Macrogaster arundinis. Hubn. — V. La larve de celle Hepialide vit et se transforme dans l'intérieur des tiges.

Nonagria paludicola. Hubn. — V. Sureau. La femelle dépose ses œufs en grand nombre sur un Roseau, et ils s'y trouvent renfermés par l'effet de la végétation. Les jeunes chenilles y vivent en commun jusqu'à ce que leur taille devenue plus forte et leur appétit plus grand, ne leur permettent plus de s'y nourrir suffisamment. Elles percent la demeure commune pour se répandre sur les plantes environnantes, ce qui constitue ainsi un petit groupe de Roseaux attaqués.

Parvenue à l'époque où elle doit habiter seule, chacune de ces chenilles va chercher une tige et s'y introduit en perçant un trou dans une de ses articulations supérieures. Elle y vit quelque temps de la moelle du roseau, et, quand elle vient à en manquer, elle perce un second trou par où elle sort.

Cette première opération de la chenille empêche le Roseau qu'elle a choisi de végeter par le sommet. Les jeunes feuilles roulées qui composent cette sommité ne tardent pas à se dessécher et à jaunir, tandis que le reste de la plante ne cesse d'être sain. La chenille en grandissant a acquis des mandibules assez fortes pour ronger une moelle un peu plus dure. Elle descend donc le long de la même tige et y choisit ordinairement, à un ou deux pieds de la partie submergée, la retraite où s'opèreront ses dernières mues et sa transformation en chrysalide, elle y entre par un trou qu'elle creuse au bas de l'articulation: une fois que son corps y a passé tout entier, elle travaille à boucher ce trou, ce qu'elle fait, non pas en filant (il semble qu'elle n'en a pas la faculté) mais en rapprochant les rognures du roseau et en les collant ensemble. Elle vit alors tranquille dans sa retraite jusqu'à sa transformation.

Quand ce temps approche, elle monte vers le haut de l'articulation ; la, elle ronge un espace ovale, destiné à faciliter sa sortie quand elle sera devenue papillon, mais, ne sachant pas filer, comment fera-t-elle pour fermer ce trou, comme ses analogues, d'un voile de soie qui défende l'accès de sa demeure à ses ennemis? Elle y supplée en laissant dans son entier l'épiderme du roseau, dans toute la largeur du trou. Pour plus de sûreté, elle compose avec les debris du Roseau qu'elle vient de ronger un plancher en voûte arrondie, immédiatement au-dessus de son trou. Enfin, elle descend de deux à six pouces plus bas, elle y forme pour soutenir sa chrysalide un nouveau plancher très-léger, qui se trouve encore consolidé par la peau qu'elle quitte, et là, elle se change sans faire de coque, en une chrysalide fort allongée.

Cette chenille diffère de celle du N. Typhæ : 1.° en ce qu'un seul Roseau suffit à celle-ci pour toute sa vie; 2.° en ce qu'elle ne file pas comme elle, ne faisant usage de sa soie que pour agglomérer les débris du roseau; 3.° en ce que sa chrysalide est placée la tête en haut dans sa tige; 4.° en ce qu'elle ne fait pas de coque; 5.° en ce que le trou par où le papillon doit sortir est ovale, au lieu d'être rond; 6.° en ce qu'elle ne bouche jamais ce trou, rongeant à cet effet dans la partie dure du Roseau une espèce de porte.

Nonagria phragmitidis. Hab. — Ibid.

Nonagria neurica. Hubn. — Ibid. M. Héring a observé la chenille sur le Roseau.

Leucania obsoleta. Hubn. — V. Châtaignier. La chenille se trouve dans le chaume sec du Roseau Phragm. Her

Simyra venosa. Bork. — V. Saule. La chenille vit sur le Phragmites. Héring.

Phalæna arundinis. Linn. — La chenille vit dans les sommets de l'Arundo epigeius.

Pyrausta arundinalis. Evers. — M. Eversmann a observé cette Pyralide sur les roseaux, à Kasan.

Schænobius forficellus. Tr. — La chenille de cette Crambide est lisse. Elle vit et se transforme dans les tiges des Roseaux.

Schænobius mucronellus. Tr. — Ibid.

Chilo phragmitellus. Tr. — V. Scirpe.
Elachista arundinella. Fab. — V. Houx.

DIPTÈRES.

Cecidomyia scutellata. Meig. — V. Groseiller. La larve vit dans la tige de l'A. Phragm.

Ogcodes gibbosus. Meiz. — M. Leprieur a trouvé plusieurs de ces Diptères sur une tige de Phragmite.

TRIBU.

AVENACÉES. AVENACEÆ. Kunth.

Epillets à deux ou plusieurs fleurs ; la terminale ordinairement stérile ; glumes membraneuses.

G. AVOINE. AVENA. Linn.

Epillets à trois fleurs. Glumes convexes : l'externe plus courte. Glumelles ordinairement poilues ou barbues ; l'externe bifide au sommet.

La patrie originaire de l'Avoine paraît être la zone boréale de notre hémisphère. Suivant Pline, les Scandinaves, les Germains, les Celtes en faisaient leur principale nourriture sous la forme de gruau, de bouillie, de pain ; c'est d'eux que les Romains l'ont reçue, et l'on peut soupçonner que le nom teutonique *Haver* est l'origine d'*Avena*. Cependant, dès le IV.ᵉ siècle avant l'ère chrétienne, Hippocrate connaissait cette céréale et en prescrivait l'usage en boisson comme un des antiphlogistiques les plus efficaces. Peut-être l'Avoine était-elle parvenue dans la Grèce par la Perse que plusieurs auteurs lui donnent pour berceau, mais qui probablement l'avait empruntée elle-même du nord de l'Asie.

Avant de nourrir nos chevaux, l'Avoine servait donc d'aliment aux hommes, et elle le fait encore malgré la supériorité du Blé, dans les régions froides ou arides, dans lesquelles il ne prospère pas, telles que la Bretagne et l'Ecosse. Elle est aussi employée à faire de la bierre et de l'alcool, et elle conserve en médecine la réputation que lui a faite le père de la science, indépendamment du rapport de Pline, d'après lequel les médecins attribuaient à l'usage de la bouillie d'Avoine, la rareté des malades dans la Germanie. Au surplus, les Romains ne se servaient de la plante qu'à l'usage de *farrago*, fourrage, comme nous le faisons de l'Avoine fromentale, le Ray-grass français.

Insectes qui ont été signalés sur l'Avoine.

COLÉOPTÈRES.

Agriotes segetis. Gyll. — V. Vigne. — La larve de ce Sternoxe est souterraine et dévore les racines de l'Avoine jusqu'au collet comme celles des autres céréales. On conseille, comme moyen de prévenir ses dégats, de repandre des tourteaux de cameline, reduits en poudre, sur les parcelles des champs où l'on commence à s'apercevoir de la présence de ces larves.

Lema melanopus. — La larve se nourrit des feuilles de l'Avena sativa. Perris.

HÉMIPTÈRE.

Aphis avenæ. Scap. — V. Cornouiller.

LEPIDOPTÈRES.

Satyrus phaedra. Linn. — V. Bruyère. La chenille vit sur l'*Avena elatior*.

Agrotis tritici. Linn. — V. Bruyère. La chenille vit des panicules de l'Avena sativa.

DIPTERES.

Agromyza nigritarsis. Macq. — Cette petite Muscide dépose ses œufs a la base de l'Avoine nouvellement levée; le développement en est arrête et il se forme une tumeur au centre de laquelle se developpe la larve. Au mois de juin, en ouvrant les plantes tuméfiées, on voit l'épi bien formé mais contre terre, et la larve s'attache alors à la base de l'épi et y creuse un sillon en hélice, de manière à intercepter la sève et empêcher la maturité du grain. Les cultivateurs de l'intérieur de la France, pour désigner cette altération, disent que les Avoines boudent. Les moyens les plus efficaces de prévenir le retour du mal, sont d'alterner les récoltes et d'arracher les plantes attaquées, avant que les larves n'aient passé à l'état parfait.

Chlorops cereris. Meig. — V. Ble. Cette petite Muscide vit sur l'Avoine comme sur le Blé.

Chlorops messoria, id. — Ibid.
——— guerinii, id. — Ibid.
Frit. Linn. — Ibid.

G. AIRA. Aira. Linn.

Epillets de deux fleurs hermaphrodites. Glumes carénées

Ce genre qui porte aussi les noms de Canche et de Foin, est très voisin des Avoines, mais il ne produit que de petites graines, inutiles dans l'économie domestique. Ces Graminées à fleurs nues ou chargées de barbes, à panicules diffus ou resserrés en épis, croissent suivant leurs espèces, dans des sols très variés; nous en trouvons dans les bois, dans les marais, dans les prés, dans les sables, sur les montagnes comme dans les vallées; l'espèce la plus remarquable est l'*A. canescens*.

Ces Graminées nourrissent les insectes suivants :

HEMIPTERE.

Chermes graminis. Linn. — V. Tamarisc. Il vit sur l'*Aira* flexuosa.

LÉPIDOPTÈRES.

Melitæa cinxia. Fab. — V. Peuplier. La chenille vit sur l'*Aira canescens*. Hering.

Hesperia linea. Fab. — V. Citronnier. La chenille vit sur l'*Aira motana*. Brez.

Chelonia hebe. Linn. —V. Cerisier. Sur l'*Aira canescens*. Her.

Hadena cespitis. WW. — V. Spartier. Sur l'*Aira cespitosa*. Br.

Pellonia vibicaria. Linn. — Cette Phalénide a les antennes et les pieds antérieurs très allongés. La chenille est presque filiforme, elle se transforme dans un léger tissu à la surface du sol.

TRIBU.

FESTUCACEES. Festucaceæ. Kunth.

Epillets ordinairement multiflores. Glumes ordinairement herbacees. Glumelles le plus souvent aristées. Arête non tordue.

Ces Graminées sont de toutes les tribus végétales celle qui contribue le plus à couvrir la surface de la terre. Par le nombre des genres et des espèces, elles se répartissent à tous les sites, à tous les sols, à tous les climats, et elles revêtent des espaces immenses de leurs innombrables individus, elles forment particulièrement le fond de nos prairies, de nos vergers, qui nous offrent de doux tapis de verdure.

Ces plantes servent très-peu à la nourriture des hommes. Nous ne pouvons guère mentionner sous ce rapport que le Pâturin, que les Abyssins cultivent sous le nom de Teff, et la Glycérie que les Polonais recueillent sous celui de Manne, dans la vaste étendue de leurs marais. Mais la Providence nous les a données pour la subsistance de nos bestiaux, dont elles forment la plus abondante pâture. Ce sont les Fétuques, les Pâturins, les Bromes, les Brizes, et quelques autres qui composent nos meilleurs fourrages. Nous leur devons tous les avantages que nous retirons de nos chevaux, de nos bœufs, de nos moutons, c'est-à-dire les substances que ces animaux fournissent à notre alimentation et à nos vêtements, mais surtout les bienfaits de l'agriculture et de la civilisation.

Les insectes qui vivent sur les plantes de cette tribu doivent être fort nombreux, ils comptent sans doute pour beaucoup parmi ceux qui ont été observés sur les Graminees en general, sans spécifier celles qui les nourrissent. D'autres ont été signalés sur des espèces déterminées de ces plantes et plusieurs d'entr'eux ont donné lieu à des observations qui présentent de l'intérêt.

G. CRÊTELLE. Cynosurus. Linn.

Epillets à dix fleurs hermaphrodites, mêlées de stériles, composées de glumes seules.

Ces jolies Graminées de nos prairies se font remarquer par les bractées découpees qui accompagnent les épis et qui leur donnent l'apparence, tantôt de la queue d'un chien, conformément à leur nom grec, tantôt d'une crête d'oiseau suivant leur nom français.

Un seul insecte a été signalé sur ces plantes :

LEPIDOPTÈRE.

Satyrus pamphilus. Linn. — V. Bruyère. Brez l'a observé sur la Crêtelle des prés.

G. PATURIN. Poa. Linn.

Epillets distiques, disposés en panicule. Fleurs toutes hermaphrodites. Glumes plus courtes que l'épillet.

Le *Poa* des Grecs, *Pabulum* des Romains, *Pâturin* des Français, est l'herbe commune et par excellence qui constitue le fond de nos meilleurs pâturages, des frais gazons, des fines pelouses qui charment nos regards, attirent nos pas et nous invitent au repos, aux douces rêveries.

Comme tout ce qui est bon et utile, les Pâturins sont extrêmement répandus sur le globe ; l'on en connaît près de trois cents espèces, appropriées à tous les sols, à tous les sites, a toutes les temperatures. Nous nous bornerons a mentionner le Teff de l'Abyssinie, cultivé comme Céréale, et qui donne trois récoltes chaque année.

Insectes qui ont été observés sur les Pâturins :

COLÉOPTÈRES.

Dasytes ater. Fab. — Ce Malacoderme vit sur les Pâturins, comme sur toutes les autres Graminées.

Dasytes villosus. Hoffm. — Ibid.

Anomala rugatipennis. Gr. — V. Vigne. M. Graëlls l'a vue en Espagne, suspendue par les pieds postérieurs aux tiges des Pâturins.

Anisoplia agricola. Fab. — V. Rosier.

Gymnœtron graminis. Gyll. — La larve de ce Curculionite vit sur les Pâturins.

Chlorophanus graminicola. Sturm. — V. Saule.

Cléonis graminis. Sturm. — V. Bruyère.

Donacia linearis. Hopp. — V. Potamogéton. Il vit sur le Pâturin aquatique.

Donacia tomentosa. Ahr. — Ibid.

Hispa atra. Linn — V. Coudrier.

HÉMIPTÈRES.

Triecphora (cercopis) vulnerata. Germ. — Cette Cicadaire vit sur les Pâturins.

Aphrophora spumaria Linn. — V. Weigelia.

LÉPIDOPTÈRES.

Arge galathea. Linn. — La chenille de cette Satyride a le corps peu allongé et la tête globuleuse. Elle ne se suspend pas pour se métamorphoser, et la chrysalide repose à terre.

Erebia cassiope. Fab. — V. Grenadier.

Satyrus circe. Fab. — V. Bruyère.

———— phaedra. Linn. — Ibid. La chenille se nourrit du P. pratensis. Freyer.

Satyrus maera. Linn. — V. Bruyère.
———— Janira. Ochis. — Ibid.
———— Ægeria. Linn. Ibid.
———— hyperanthus. Linn. — Ibid.

Nemeobius lucina. Linn. — La chenille de cette Erycinide est ovale, herissée de poils. La chrysalide s'attache par la queue et par un lien transversal.

Lithosia mesomela. Linn. — V. Tilleul.
Chelonia aulica. Linn. — V. Cerisier.
Arctia fuliginosa. Linn. — V. Poirier.
Psyche graminella. WW. — V. Graminées.
Lasiocampa quercifolia. Linn. — V. Poirier.
Odonestis potatoria. Linn. — V. Graminées.
Caradrina respersa. WW. — V. Ibid.

Stilbia stagnicola. Tr — La chenille de cette Caradranide est très grosse. Elle s'enfonce dans la terre sans former de coque.

Cerigo cytherea. Fab. — La chenille de cette Hadenide est rase. La chrysalide est renfermée dans une coque peu solide, dans la terre.

Segetia xanthographa. Fab. — La chenille de cette Noctuélide est rase, la chrysalide est renfermée dans une coque legère dans la terre.

Agrotis putris. Linn. — V. Bruyère.
Charæas graminis. Linn. — V. Graminées.

Spælotis nyctimera. Dup. - La chenille de cette Noctuélide vit sur le P. annuel. Bruand. Elle se métamorphose dans la terre.

DIPTÈRES.

Cecidomyia graminicolella. Kaltenb. in litt.—V. Groseiller. La larve vit dans de petites galles ovales entre les tiges et les feuilles engaînées du Poa nemoralis.

Cecidomyia Poae. P de B. — V Ibid. La larve vit dans la

graine du P. trivialis qui prend une forme plus épaisse et étendue. Winn.

G. GLYCERIA. Glyceria. Rob. Br.

Epillets peu ou point comprimés, linéaires, allongés. Fleurs toutes hermaphrodites. Glumes chartacées.

Le Poa flottant est devenu de par la science de Robert Brown, le type d'un genre, au nom mythologique, qui se fait remarquer par ses longues tiges, dont la base horizontale flotte sur les eaux, et l'extrémité se dresse verticalement pour exposer ses panicules fleuris; il se recommande encore par ses graines substancielles qui lui ont valu les noms d'herbe à la manne, de Manne de Prusse, Manne de Pologne, et qui dans ces pays sont recueillies, converties en gruau et préférées au Riz. Enfin, ces plantes sont si abondantes dans les marais du nord de l'Europe, qu'elles tendent à les transformer en tourbières.

Deux insectes ont été signalés sur les Glyceries.

LEPIDOPTÈRES.

Nonagria fluxa. Hubn. — V. Sureau. M. Héring a vu la chenille se nourrissant de la *Gl. spectabilis.*

Simyra venosa. Borkh. — V. Saule. Même observation.

G. BRIZE. Briza. Linn.

Epillets arrondis, a longs pédicelles, au moins à cinq fleurs, toutes hermaphrodites. Glumes arrondies, panicule pendant, tremblant.

Parmi les Graminées que nous distinguons dans nos prairies par leur agréable simplicité, les Brizes occupent l'un des premiers rangs; à l'élégance de leur port elles joignent celle de leurs panicules qui s'inclinent avec grâce et dont les épillets, portés sur de longs et frêles pédicules, se teignent de pourpre et tremblent au souffle du moindre zéphyr. Aussi l'espèce principale a-t-elle reçu le nom d'Amourette qu'elle partage du reste avec d'autres jolies plantes, telles que le Poa eragrostis, le Saxifrage hypnoïde, la Lychnide des prés.

Suivant Lamarck, le nom de Brize dérive du verbe grec dormir, parce que le sommeil accable les personnes qui mangent le pain fait avec la graine de l'espèce cultivée. *B. maxima* remarquable par ses épillets panachés de blanc, de jaune et de brun.

Trois insectes Lépidoptères ont été signalés sur les Brizes
Zygæna brizæ. Esper. — V. Cytise.
Callimorpha hera. Hera. — V. Saule.
Œcophora brizella. Tr — V. Olivier.

G. DACTYLE. Dactilis. Linn.

Epillets de deux à sept fleurs hermaphrodites. Glumes carénées; panicule unilatéral, très serré.

Ce genre est représenté en Europe par le Dactyle glomerule, commun dans les prés et assez remarquable par la disposition de ses fleurs en épillets nombreux, comprimés, ramassés en peloton, tournés du même côté et disposés en panicules diffus, panachés de vert et de violet.

Cette plante, rude au toucher, âpre au goût, partage avec le Chien-dent la propriété d'être un vomitif pour la race canine.

Deux insectes Lépidoptères vivent sur cette plante :
Erebia blandina, Fab.—V. Grenadier. M. Guénée a observé la chenille sur le Dactylis glomerula.
Leucania dactylidis. Ramb — V. Châtaignier. Même observation.

G. FÉTUQUE. Festuca. Linn.

Épillets pédicellés de deux à plusieurs fleurs distiques, hermaphrodites. Glumes acuminées.

Ces plantes, qui sont au nombre de celles que recherchent

le plus avidement les bestiaux, présentent des espèces nombreuses, appropriées aux sols, aux températures, aux sites les plus différents ; elles affectent des formes et même des couleurs très variées ; il y en a de rampantes, d'élancées, de diffuses, de rigides, d'élégamment inclinées. Leurs touffes souvent isolées et étalées sur le sol sont vertes, glauques, azurées, rouges, brunes, dorées ; leurs fleurs se groupent en panicules, en bouquets, en grappes, en épis. Egalement utiles dans les prairies naturelles et artificielles, les Fétuques le sont surtout dans les sols arides, sablonneux, calcaires où plusieurs espèces croissent de préférence. Telle est la Fétuque coquiole dont les brebis sont si avides sur nos landes les plus stériles, tandis que, par une singularité assez remarquable, une de ses simples variétés, la Fest. *tenuifolia*, n'en est jamais broutée.

Les insectes suivants vivent sur les Fétuques :

COLÉOPTÈRES.

Erirhinus festucæ. Herbst. — V. Peuplier.
Donacia sericea. Ill. (D. festucæ. Fab) — V. Phellandrie.

HÉMIPTÈRES.

Cimex dolobratus. Linn. — V. Tilleul. Sur le Fest. natans.
Coccus festucæ. S. C. — V. Tamarisc. Sur les Fest. Cespitosa et phænioides.
Coccus radicum graminis. F. S. — Ibid. Sur les Fest. *cespitosa*.
Tæniothrips dispar. Halid. — Sur le Festuca fluitans.
——————— brevicornis. Hel, — avec le précédent

LÉPIDOPTÈRES.

Lælia cœnosa. Hubn. — Cette Liparide, voisine des Dasychires, a la trompe très longue, et les palpes deux fois aussi longs que la tête. La chenille vit sur les Fétuques, est garnie de brosses et se metamorphose dans un cocon de soie entremêlée de poils.

Spælotis nyctimera. B. D.— Cette Noctuélide a la trompe longue et les palpes très velus, les ailes sont luisantes. La chenille se nourrit de la Fétuque ovine, elle est glabre, marquée de taches cunéiformes sur le dos. Elle se transforme dans la terre. M. Bruand.

Calocampa vetusta. Hubn. — Cette Xilenide a les antennes épaisses, la trompe longue, les palpes courts, l'abdomen aplati, les pieds courts, les ailes à bord terminal denté. La chenille vit sur les Fétuques. Héring. Elle est rase, allongée, atténuée aux extrémités, ornée de couleurs vives. Elle s'enterre profondément avant de se transformer ; le cocon est de terre et très fragile.

Plusia festucæ. Linn. — V. Lonicère.
——— concha. Fab. — Ibid.

G. BROME. Bromus. Linn.

Epillets pédicellés, oblongs, de cinq fleurs au plus, distiques, imbriqués. Glumes plus courtes que l'épillet. Panicules rameux.

Les Bromes, dont le nom grec était donné par les Romains à une espèce de Blé, a été appliqué par Linnée à un genre nombreux de Graminées que nous trouvons dans les prés, dans les bois, dans les champs, et qui, mêlées aux précédentes, forment de bons fourrages ; quelques unes sont assez communes pour avoir des noms vulgaires, comme la Droue, le Séglin. Une autre très répandue en Amerique, le B. cathartique présente dans ses racines un puissant purgatif employé au Pérou et au Canada.

Les insectes observés sur les Bromes se réduisent à quatre.

COLÉOPTÈRES.

Anisoplia Bromicola. Germ. — V.

LÉPIDOPTÈRES.

Odonestis potatoria. Linn. — V. Phragmite.

Emydia rippertii. — La chenille paraît vivre sur les Bromes, d'après une observation de M. Pierret.

Cidaria chenopodiaria. Linn. — V. Berberis.

Adela (Euthyphia. Hubn.) congruella. F. R. — V. Saule. La chenille vit sur les hampes du Festuca ovina, en Bohême. Mann.

G. MÉLIQUE. Mélica. Linn.

Epillets d'une à deux fleurs hermaphrodites et d'une à trois rudimentaires. Glumes inégales.

Ce petit genre présente une disposition des fleurs très-simple, mais qui ne l'est que par l'un de ces avortements si fréquents dans le règne végétal, semblables à l'effet d'un accident et qui sont cependant entrés dans le plan de la création. Il résulte de l'état rudimentaire dans lequel une partie des fleurs est restée, que les épillets sont fort exigus, mais ils se groupent en panicules remarquables par leur élégance et attirent nos regards, soit dans les bois touffus, soit sur les collines pierreuses, où la nature a placé ces jolies plantes.

Un seul insecte Lépidoptère a été signalé sur les Méliques.

Satyrus Arcanius. Linn. — V. Bruyère. Observé par Brez.

TRIBU.

HORDEACEES. Hordeaceæ. Kunth.

Epillets ordinairement triflores, souvent aristés. La fleur terminale sterile. Glumes herbacées. Epis simples, solitaires.

Cette tribu, qui comprend nos principales Céréales, le Blé, le Seigle, l'Orge, nous amène à des considérations qui intéressent les hommes, sous un grand nombre de rapports d'une haute importance. Les Céréales, en effet, se rattachent à l'agriculture, à la civilisation, à la subsistance des peuples, à l'économie politique, sociale, domestique, à la législation, au bien-être des peuples.

Elles ont fixé les hommes sur le sol par l'agriculture, qui est la mère de la civilisation. Comme base de la subsistance des hommes, leur abondance accroit la population (1), améliore la santé (2), contribue à la prospérité publique. Les gouvernements doivent donc encourager l'art qui produit cette abondance, par tous les moyens qui sont en leur pouvoir ; ils doivent honorer les cultivateurs, exciter, récompenser les efforts qu'ils font pour perfectionner la culture des Céréales et tous les procédés qui s'y rattachent et qui apportent quelquefois un progrès immense dans la production. Voyez les effets obtenus par les industries annexées à l'agriculture, telles que les sucreries, les distilleries (3) ; voyez le drainage qui, déjà, en Angleterre, a accru au moins d'un tiers le rendement du blé, et qui a relevé l'agriculture du coup qui lui avait été porté par une loi dirigée contre la propriété. Voyez

---

(1) Il existe une telle solidarité entre le mouvement de la population et celui des subsistances, que la première subit des fluctuations correspondantes à l'abondance où à la pénurie des récoltes. M. Millot, à qui l'on doit des travaux de statistique importants, a prouvé numériquement que le nombre des jeunes gens appelés chaque année sous les drapeaux, varie suivant la fertilité de l'année correspondante à leur naissance. Ainsi en 1817, époque de disette, le nombre des naissances fut moindre, et en 1837, il ne se présenta au tirage que 295,732 conscrits, tandis qu'en 1834, année correspondante à 1814, époque d'abondance, les listes de conscription furent de 326,298. Il est vrai qu'en 1814, il se joignit à la fertilité de l'année, le bonheur qu'éprouva la France de la restauration des Bourbons sur le trône. Mais, par suite encore de la disette de 1817, l'augmentation progressive de la population, jusque-là de 168,000 habitants nouveaux par année moyenne, s'arrêta à 64,648.

(2) Le docteur Mélier a constaté, d'après des calculs faits sur une période de 160 ans, que le nombre des malades et celui des décès augmente ou décroît suivant l'abondance ou la disette.

(3) Une ferme située aux environs de Valenciennes, exploitée à la sole, produisait annuellement 12 hectolitres de blé par hectare tous les trois ans. Depuis que l'on y a établi une sucrerie, la jachère y a été supprimée, les terres produisent du Blé tous les deux ans et rapportent 30 hectolitres par hectare.

encore l'art de la mouture qui, par ses perfectionnements (1), a tiré du froment une quantité de farine très supérieure à celle qui en était obtenue précédemment. Les gouvernements doivent encore prendre les mesures les plus efficaces pour maintenir les Céréales à un prix qui concilie les intérêts des producteurs avec ceux des consommateurs, pour prévenir les dépréciations, qui, en abaissant la valeur du Blé en-dessous du prix de revient (2), ruinent le cultivateur, ou les chertés qui tuent le pauvre.

L'un des sujets les plus importants à traiter, relativement au Céréales, est celui des insectes qui leur sont nuisibles, et des moyens de les en préserver. Les dommages qu'elles en éprouvent sont évalués à 200,000,000 annuellement. Ces insectes sont, particulièrement pour les Céréales dans l'état de végétation : les Chlorops, les Cephus, les Hannetons, les Saperdis ; dans l'état sec, les Calandres, les Alucites, les Teignes ; dans l'état de farine, les Ténebrions, les Blattes. En donnant des détails sur chacun d'eux, nous indiquons les procédés les plus efficaces pour prévenir leurs ravages.

D'autres insectes vivent sur les Céréales sans leur causer de dommages sensibles. Parmi ces derniers nous en rangerons quelques-uns que M. Perris a observés sur les chaumes qui recouvrent les bergeries, dans le département des Landes.

COLÉOPTÈRES.

Malachius œneus. Fab. — V. Lierre. La larve, découverte par

---

(1) Les procédés dans les méthodes de mouture sont aussi précieux que ceux de culture. Dans les provinces où la mouture est en retard, on tire en farine moitié seulement du poids du blé, tandis qu'on admet généralement qu'elle y entre pour les trois-quarts Au XV.ᵉ siècle, Budé dit qu'il fallait 6 hectolitres de froment pour la nourriture d'un homme pendant un an, parce qu'alors on ne tirait que 36 kilogrammes de farine d'un hectolitre. Aujourd'hui, trois hectolitres suffisent, parce que le froment donne trois quarts de son poids en farine.

(2) La loi de 1832 protége l'agriculture en établissant un droit proportionnel plus fort à l'exportation et plus faible à l'importation, lorsque la valeur du blé est supérieure ou inférieure à 20 fr. l'hectolitre.

M. Perris, est très-carnassière, et fait la guerre aux autres insectes. Elle est armée de fortes mandibules munies de deux dents. Derrière les antennes, de quatre articles, se montrent quatre ocelles, situés sur une tache noire. Les stigmates sont au nombre de neuf. Elle se transforme en nymphe sans autre préparation que celle de se faire une niche au milieu des détritus des chaumes.

Latridius minutus. Linn. — La larve de ce Xylophage (Dej.), observée par M. Perris, se distingue entre les larves connues des Coléoptères, par les mandibules représentées par deux corps qui se meuvent comme elles, mais qui en diffèrent en ce qu'ils sont charnus et non cornés, à peu près triangulaires et non crochus, et qui paraissent insérés ou plutôt articulés entre les machoires; elles sont munies extérieurement, près de l'extrémité, de trois poils assez longs, et à l'extrémité, de deux petites dents presque droites et cornées. Cette larve est encore caractérisée par l'absence de palpes labiaux et de lèvre inférieure. La nymphe se fait remarquer en ce qu'elle est fixée au plan de position par le mamelon anal de la larve.

Corticaria pubescens. Ill. — Ce genre diffère peu des Latridies. La larve ressemble fort à la précédente. P.

Cryptophagus dentatus. Herbst. — La larve de ce Clavicorne a la tête large. Les antennes de trois articles. Sous les antennes, on aperçoit un groupe d'ocelles qui forment sur chaque joue une tache noirâtre.

Orthoperus piceus. Steph. — La larve de ce très-petit Trimère (Perris) se distingue par l'insertion des antennes au tiers postérieur de la tête.

Crambus enshamensis. WW. — La larve de cette Anisotomée (Gaubil) est entièrement couverte de petites aspérités et de longs poils. La nymphe n'est pas enveloppée dans une coque. L'extrémité de l'abdomen qui est bilobée, se trouve engagée dans la peau de la larve, chiffonnée et ramassée dans un paquet informe. Cette dernière particularité est une preuve de cette admirable sollicitude de la nature qui s'exerce aussi bien sur les petites espèces que sur les grandes. Lorsque le moment de la transformation en nymphe est venu, la larve se cramponne au plan de position, au moyen d'un mamelon placé sous le dernier segment du corps ; puis, la peau de la larve se fend le long du thorax et se ramasse à l'extrémité de la nymphe, dont les derniers segments y demeurent engagés comme dans un fourreau, de sorte que la nymphe est solidement retenue au chaume sur lequel la larve s'était fixée, et brave ainsi les vents.

Xylophilus dimidiatus. Kuntz. — Sur les toits de chaume.
— — — populneus. Fab. — Ibid. Perris.
Faronus La Fertei. — Aubé. On trouve cette espèce en secouant les toits de chaume. Perris.

HÉMIPTÈRE.

Ploiaria vagabunda. Linn. — Cette Géocorise filiforme vit sur le chaume.

DIPTERES.

Sapromyza 4 punctata. Fall. — La larve de cette Muscide, découverte par M. Perris, s'accroche sur le chaume ainsi qu'il suit : le onzième segment s'applique à l'aide de ses deux papilles, sur le plan de position ; puis, rentrant dans le dixième segment qui s'abaisse, il permet aux papilles et aux lobes dont ce dernier est pourvu, de se cramponner aussi sur le même plan. De plus, la contraction du dernier segment a produit le vide au-dessous de lui, une ventouse s'est formée, et son action est telle que, sur une plaque de verre renversée, la larve demeure solidement fixée. Il lui est donc facile de se maintenir entre les chaumes.

Hydrellia apicalis. Perr. — Cette Hydromyzide s'est peut-être trouvée accidentellement sur le chaume.

Asteia amœna. Meig. — La larve de cette Agromyzide n'est pas connue.

G. IVRAIE. Lolium. Linn.

Epillets solitaires, distiques, de cinq fleurs ou plus. Glumes oblongues. Epis grêles, flexueux.

Cette plante malheureuse (infelix Lolium. Virg.), seule entre toutes les Graminées, contient un principe délétère dont les effets sont connus depuis une haute antiquité. Ses graines, à la fois âcres et narcotiques, produisent des vertiges, des tremblements, l'ivresse, la stupeur, la privation momentanée de la vue (1), et pour produire ces effets, il suffit d'un faible mélange d'ivraie avec d'autres graines alimentaires (2). Cette plante est d'autant plus dangereuse qu'elle croît de préférence dans les champs ensemencés de Céréales, qu'il y a beaucoup d'analogie entre elles, que leurs graines mûrissent en même temps et que la confusion est facile. Il est cependant indispensable d'extirper l'Ivraie, afin d'éviter son mélange avec le bon grain, et c'est sous cette figure que les livres saints nous représentent la vertu exposée à la contagion du vice, si elle n'en évite soigneusement le contact.

Parmi les espèces d'Ivraies, il y en a d'innocentes. Le Ray-grass, gazon anglais (Lolium perenne), en est une, et nous lui devons ces pelouses dont la finesse, la fraîcheur, la verdure, n'ont pas d'égales, au moins en Angleterre.

Les insectes observés sur ces plantes sont :

LÉPIDOPTÈRES.

Satyrus Dejanira. Linn. — V. Bruyère. La chenille vit sur l'Ivraie enivrante, suivant Freyer.

Heliophobus popularis. Fab. — V. Peuplier.

Eusebia bipunctaria. WW. — Cette Phalénide vit sur l'Ivraie

---

(1) Cette action s'exerce sur l'Homme, sur le Chien, le Mouton, le Cheval, sur les Poissons ; elle paraît être très-faible ou même nulle sur le Bœuf, le Porc, les Oiseaux.

(2) Il suffit d'un dixième.

vivace ; elle a le front proeminent, les palpes aigus et connivents. La chenille est courte, glabre. Elle se transforme dans un léger cocon à la surface du sol.

Phalœna morio. Linn. — Sur l'Ivraie vivace.

G. BLE. Triticum. Linn.

Epillets sessiles, solitaires, comprimés, triflores; fleurs distiques, imbriquees. Glumes ovées ou lancéolées, carénées

Base de la nourriture des hommes dans une grande partie de l'ancien monde, et surtout en Europe, le Blé jouit de cette noble prérogative depuis une haute antiquité, depuis l'époque des patriarches. Melchisedeck offrait du pain et du vin au Très-Haut en qualité de grand prêtre. Abraham présenta du pain aux trois messagers divins qui venaient lui predire la naissance d'Isaac. Jacob envoya ses fils en Egypte pour acheter du blé à Joseph, On a trouvé de nos jours du blé dans les hypogées de l'ancienne Thèbes. Son origine, comme celle d'Homère est disputée en faveur de différents lieux. C'est la vallée du Jourdain, suivant Dureau de la Malle, parce que la Vierge des zodiaques égyptiens, copiée ensuite par les Grecs et les Romains, tient un épi de froment; ceux-ci plaçaient cette origine dans les plaines d'Enna en Sicile, où Cérès en avait enseigné la culture. D'après une autre opinion fort accréditée, le berceau du Blé est la Perse, et, il y a peu d'années, le botaniste Michaux en a trouvé croissant spontanément sur une montagne de ce pays. D'autres plaçaient l'origine du Blé dans l'Ethiopie, d'autres dans la Tartarie, la Scandinavie, la Germanie, les Gaules.

Le Blé, au siècle d'Auguste, était l'objet d'une culture soignée et d'une importation immense pour nourrir le peuple roi; Virgile et Pline nous ont appris comment on le cultivait, l'espèce de chaulage qui etait usité :

Semina vidi equidem medicare serentes
Et nitro prius et nigrá perfundere amurcá. (Virg. Géorg.)

la jachere et la rotation des récoltes :

> Alternis idem tonsas cessare novales,
> Et segnem patiere situ durescere campum. (Virg.)

l'écobuage :

> Sœpe etiam steriles incendere profuit agros,
> Atque levem stipulam crepitantibus urere flammis. (Virg.)

l'usage de faire brouter les fanes pour renforcer les epis.

> Luxuriem segetum tenera depascit in herba. (Virg.)

les ravages du Charençon :

> .. .. populatque ingentem farris acervum
> Curculio.   (Virg.)

Le mauvais effet produit sur les récoltes de Blé par l'enlevage des cailloux des terres pierreuses, est également mentionné par Pline.

Les provinces d'où Rome tirait le plus de Blé pour sa consommation etaient la Sicile, l'Afrique, l'Egypte, la Mysie. Quelle haute opinion de la fertilite de l'Afrique dut avoir Auguste en voyant la plante de Blé que lui envoyait un de ses intendants, et qui portait 400 épis produits par un seul grain ! (Pline.)

La culture actuelle du blé en France n'offre pas de phénomène de ce genre, mais elle y oppose les 300 variétés de froment qui s'adaptent à tous les sols, les instruments perfectionnés, les semis en ligne, le drainage et surtout les industries annexees à l'agriculture : les sucreries, les distilleries, les brasseries, les amidonneries, les huileries qui enrichissent les Céréales de tout ce que l'abondance des engrais peut produire.

Le genre Triticum comprend non-seulement les espèces alimentaires, mais encore plusieurs qui ne le sont pas ; tel est le T. *repens* si connu sous le nom de Chien-dent.

Les insectes qui vivent sur les Blés sont nombreux, leurs ravages ne sont que trop connus. Les moyens de les en préserver ne le sont pas assez.

BLÉ COMMUN. Triticum vulgare Villars.

Épillets en épis tétragones. Glumes ventrues, comprimées au-dessous du sommet.

COLÉOPTÈRES.

Zabrus inflatus. Déj. — La larve de ce Carabique se nourrit des racines et fait quelquefois de grands ravages. L'insecte parfait se trouve quelquefois sur les épis et en ronge le grain.

Zabrus gibbus. Fab.

Amara trivialis. Duftsch — Même observation.

——— familiaris. id. — Ibid.

——— communis. Fab. — Ibid.

——— tricuspidata. Sturm. — Ibid.

——— aulica. Illig. — Ibid.

Agriotes segetis. Gyll. — Les larves de ce Taupin (Sternoxe) sont allongées, fort étroites, jaunâtres, d'une consistance fort dure ; elles sont souterraines, rongent les racines du Blé jusqu'au collet et font périr les plantes. C'est au mois d'avril qu'elles exercent leurs ravages, d'autant plus considérables que l'hiver a été plus rigoureux. Les champs n'en sont infestés que par parties, sans que l'on en ait encore expliqué la cause. On conseille, comme moyen de prévenir ces dégats, de répandre des tourteaux de cameline, réduits en poudre, sur les parcelles des champs où l'on commence à s'apercevoir de la présence de ces larves. On assure même que le Blé que l'on fait succéder à la Cameline n'en est jamais attaqué, comme il semble, au contraire, qu'après le Trèfle, le Blé y soit plus exposé. On peut encore faire la guerre à l'insecte, lorsqu'il paraît en été dans l'état ailé, et avant qu'il dépose ses œufs. Il est probable qu'il le fait en automne au pied des blés nouvellement levés, mais ce fait n'a pas encore été constaté et il importe de le vérifier.

Melolontha vulgaris. Linn. — V. l'introduction.

Anisoplia fruticosa. Fab. — V. Rosier. Herbst l'a observé sur les Blés et l'avait nommé A. *segetis*.

Mel»e melanura. Linn.— On trouve cet Hétéromère sur les épis.

Lytta segetum. Fab. — V. Catalpa. Il nuit aux Blés dans la Sicile.

Lagria atra. Fab. — Brez a observé cet Hétéromère sur les Froments.

Apion frumentarium. Fab. — V. Tamarisc.

Sitona frumentaria. Fab. — V. Houx.

Calandra granaria. Fab.— Ce Curculionite est le plus grand devastateur du Blé dans l'état sec. Parmi les moyens de le combattre, nous ne rappellerons que le suivant : Lorsqu'on s'aperçoit qu'un tas du Blé est attaqué, on forme un petit monticule de grains, auquel on ne touche plus, tandis qu'on remue le tas avec une pelle. Les Calandres qui l'habitent étant inquiétées, l'abandonnent et se refugient presque toutes dans le monticule qui est placé auprès. On doit continuer cette opération quelque temps et à des intervalles assez rapprochés. Lorsqu'on juge qu'un grand nombre d'individus se sont réunis dans le monticule, on les fait périr en y jetant de l'eau bouillante. On doit employer ce procédé qui détruit les insectes parfaits et non les larves, aux premières chaleurs du printemps, et avant que la ponte n'ait eu lieu. L'opération réussit encore plus complètement, si, à la place du monticule de Blé, on substitue de l'Orge, les Calandres ayant une préférence bien marquée pour cette dernière.

Calandra oryzæ. Fab.— Cette espèce nuit aussi au Blé.

Trogossita mauritanica. Lat. —V. Peuplier d'Italie. Il attaque quelquefois le Blé.

Saperda gracilis. Guer. — V. Erable plane. Ce petit Longicorne, nommé Aiguillonnier, à Barbézieux, paraît dans le courant de juin quand les Blés sont en fleurs. Alors la femelle perce un petit trou dans la tige près de l'epi, et y introduit un œuf. Comme elle en a au moins 200 dans les ovaires, et qu'elle n'en depose qu'un dans chaque tige, et seulement dans celles qui portent les plus grands epis, il en resulte qu'une femelle peut infester plus de

200 tiges de blé. L'œuf, descendu ou tombé jusqu'au premier nœud du chaume, donne naissance à une larve qui remonte dans le tuyau jusque près de l'épi, ronge circulairement ce tuyau, ne laissant intact que l'épiderme. L'épi, ainsi isolé, ne reçoit plus les sucs nourriciers, reste vide, se dessèche quand les grains approchent de leur maturité, et tombe au premier vent. Cette larve descend ensuite dans le chaume, en perce successivement les nœuds, et va se loger au bas de la tige, afin d'y passer l'hiver. Les tiges dont les épis sont tombés s'appellent aiguillons et ces Blés sont dits aiguillonnés. La perte causée par cette maladie s'élève quelquefois au cinquième ou sixième de la récolte.

Lema melanura. Fab. — Cette Chrysoméline a été observée sur le Froment par Brez.

Hispa atra. Fab. — V. Coudrier. Même observation.

ORTHOPTÈRES.

Locusta viridissima. Linn. — V. Vigne.

Acrydium migratorium. Linn. — Cet Orthoptère est celui qui produit tant de dégats par ses voyages.

HYMENOPTERES.

Cephus pygmæus. Fab. — Cette Tenthredine commet souvent des ravages considérables sur le Froment. La femelle insère au mois de mai un œuf dans une tige à l'aide de la petite scie qu'elle porte à l'extrémité du corps ; la larve se nourrit de la moelle du chaume, perce les cloisons, et parvenue au terme de sa croissance peu de jours avant la moisson, elle descend vers la terre et elle y prend un moyen singulier pour faciliter sa sortie sous la forme ailée, au printemps suivant : C'est de couper circulairement, comme la Saperde, la paille en-dedans, de 14 à 28 millimètres de terre. Ensuite elle s'enfonce un peu au-dessous du sol, et se construit dans l'intérieur du chaume, une enveloppe de soie dans laquelle elle passe l'hiver. Au mois d'avril suivant, elle passe à l'état de nymphe, et peu de jours après a l'état parfait. Les effets que produit cet insecte sur les Blés consistent d'abord dans la couleur et le poids des epis ; huit à quinze jours avant la moisson, ils sont blanchâtres et droits ; ils s'elèvent au-dessus des autres qui sont encore verts et qui se courbent sous le poids du grain, tandis que les premiers sont entièrement vides, ou ne contiennent qu'un très-petit nombre de grains raccornis ; ensuite la coupure circulaire, opérée par la larve au bas du chaume, fait qu'il se brise au pied et qu'il tombe à terre lorsqu'il fait du vent. Alors le champ présente quelquefois le même aspect que s'il avait été traversé dans tous les sens par des chasseurs ou par des animaux. (M. Herpin.) Le moyen le plus rationnel de se garantir de ces dégats est de détruire les larves des Cephus, soit en labourant à plusieurs reprises les champs qui ont produit du Froment et d'enterrer et de detruire ainsi les étocs, soit en les brûlant.

HÉMIPTÈRES.

Thrips rufa. Linn. — V. Vigne. Il vit dans les épis.
—— obscura. Muller. — Ibid.

LÉPIDOPTÈRES.

Satyrus aegeria. Linn. — V. Bruyère.

Ilarus ochroleuca. W-W. — Cette Hadenide a l'abdomen caréné. La chenille est effilée, à tête assez grosse. Elle vit à découvert sur les Blés dont elle dévore les grains. La chrysalide est renfermée dans une légère coque de terre.

Segetia xanthographa. Fab. — Cette Noctuélide a les palpes légèrement inclinés vers la terre. La chenille est rase, elle vit de Céréales et se tient cachée sous leurs touffes. La chrysalide est renfermée dans une coque légère, sous la terre ou à sa surface.

Agrotis segetum. Linn. — V. Bruyère. La chenille vit des racines des Blés et passe l'hiver sous terre. Elle cause souvent des dégats.

Agrotis tritici. Linn. — Même observation
— — — aquilina. W-W. — Ibid.
— — — fumosa. Fab. — Ibid.
Scopula frumentalis. Linn. — V. Prunier.
Crambus pedriolellus. Dup. — V. Tamarisc. La chenille vit dans un long fourreau composé de soie et de sable à la base des Blés dont elle dévore les racines.

Butalis cerealella Encyc. — La chenille de cette Tinéide vit et se transforme dans des grains de Froment qu'elle ronge à l'intérieur sans qu'on s'en aperçoive au-dehors. Sa multiplication est prodigieuse; car elle peut produire jusqu'à six générations par année et elle cause quelquefois les plus grands ravages. C'est l'Alucite des grains. Suivant M. Amyot, un cultivateur a remarqué que les gerbes qu'il laissait en javelles couchées par terre pendant quelque temps, donnaient un Blé qui n'était pas atteint par ces chenilles, tandis que celui provenant des gerbes rentrées immédiatement après la moisson en était fortement attaqué. On a observé aussi que le Blé, battu de suite après la moisson était à l'abri de ses atteintes, tandis que celui que l'on ne battait que plus tard, en octobre ou pendant l'hiver, y était sujet. Enfin, il résulte d'une autre observation, que le Blé dur serait préservé des attaques de l'insecte, tandis que le Blé tendre y serait très exposé; l'Alucite n'exerce ses ravages que dans les parties intérieures de la France; le Midi et le Nord n'en souffrent pas.

Tinea granella. Linn. — V. Clématite. Elle ne commet pas moins de dégats que l'Alucite lorsqu'on la laisse se multiplier sans obstacle. La chenille réunit plusieurs grains de Blé avec la soie qu'elle file, et elle se nourrit de la substance du grain. Le meilleur moyen de s'en garantir est de fermer les fenêtres des greniers avec des châssis à canevas, après qu'on les a purgés des grains attaqués qui se trouvent toujours à la surface des tas.

DIPTERES.

Cecidomyia flava. Meig. — V. Groseiller.

Cecidomyia tritici. Latr. — V. Groseiller La larve vit dans la tige près du collet ou du premier nœud, et elle fait avorter les épis sans nuire à leur développement extérieur.

Cecidomyia cerealis. Bremi. — Elle a causé des dégats considérables dans le grand duché de Bade, dans la Hongrie et la Carinthie.

Cecidomyia fromenti. Nob. — J'ai observé dans les environs de Saint-Omer un champ de Blé barbu; 15 à 20 de ces petits insectes voltigeaient autour de chaque épi ou se posaient dessus. J'en ai vu plusieurs qui introduisaient l'extrémité de l'abdomen entre les glumes pour y déposer leurs œufs. On ne peut douter que, malgré leur petitesse, ils ne commettent, par leur grand nombre sur chaque épi, des dégats, au moins sur la qualité du grain.

Chlorops lineata. Meig. — Cette petite Muscide jaune, à lignes noires, paraît en automne, gonflée d'un grand nombre d'œufs; elle les dépose sur de jeunes plantes de Blé ou de Seigle, un seul sur chaque pied nouvellement levé. Peu de jours après, il naît de cet œuf une larve qui ronge la tige jusqu'à sa base et l'empêche de monter; mais la sève, alimentée par les racines, continue la végétation, et, ne pouvant faire monter la plante privée de sa tige, épaissit le collet entouré de feuilles, au centre duquel la larve passe l'hiver. Dans cet état de la plante, les cultivateurs du centre de la France disent qu'elle est en poireau ou qu'elle culotte. Elle reste ainsi jusqu'au mois de mars, où elle jaunit et meurt. Cependant, vers le même temps, les larves se changent en nymphes qui, au mois de mai, passent à l'état de Mouches. Elles s'accouplent peu après, et les femelles de cette seconde génération pondent à leur tour au mois de juin; mais cette fois, elles n'attaquent que le Froment, la végétation du Seigle étant avancée et la tige déjà dure et sèche. Elles ont l'instinct de déposer leurs œufs au bas de l'épi du froment avant qu'il se soit dégagé de la feuille supérieure qui l'enveloppe et lui forme une sorte de coiffe. Si l'on détache quelques jours après cette feuille de la tige, on voit que la larve qui est sortie de l'œuf au bas de l'épi, se creuse un sillon extérieur le long de la tige, depuis l'épi jusqu'au nœud supérieur. Lorsqu'elle est arrivée à ce point, elle a atteint le terme de sa croissance, elle se change en nymphe et, peu de jours après, en insecte parfait. Cependant, les tiges attaquées présentent des altérations singulières, elles n'atteignent guère que la moitié de la hauteur de celles qui sont saines ; leur maturité est considérablement retardée : elles sont encore très-vertes lorsque les autres sont déjà jaunes ; l'épi n'est pas encore sorti d'entre les feuilles qui l'engaînent ; il est court, peu volumineux, peu abondant en grains ; ceux-ci d'ailleurs sont maigres et raccornis ; enfin tous les épillets situés du côté du sillon longitudinal creusé par la larve, sont entièrement avortés. Les petits Chlorops de la seconde génération, développés au mois d'août, s'accouplent au mois de septembre, et déposent leurs œufs comme leurs aïeules, sur les plantes de Froment ou de Seigle nouvellement levées.—Les Chlorops ont fait de grands dégats en France en 1812 et en 1839. Le Nord paraît à peu près exempt de leurs ravages, et on le doit sans doute aux assolements plus perfectionnés, plus variés, au moyen desquels ces Mouches arrivées au moment de pondre, ne trouvent pas à leur portée les plantes de Froment ou de Seigle qui doivent recevoir leurs œufs, et elles meurent sans pouvoir se reproduire ; car il est à remarquer qu'elles s'eloignent peu du lieu de leur naissance. Un second moyen de les détruire, c'est d'arracher les tiges qui contiennent leurs larves. Il en est un plus efficace encore, c'est de semer les blés en novembre, les Chlorops n'ayant plus alors la vigueur nécessaire pour opérer leur ponte.

Chlorops lata. Meig. — Ibid. M. Waga a fait connaître une immense multiplication de cette espèce aux environs de Varsovie.

Chlorops cereris. Meig. — Ibid.
— messoria. Id. — Ibid.
— guerinii. Herpin. — Ibid.

Chlorops Frit. Linn. — Ibid.

BLE RAMPANT (chien-dent) Triticum repens Linn.

Epillets le plus souvent à cinq fleurs. Glumes lancéolées, acuminées, à cinq nervures.

Cette espèce qui fait le désespoir du cultivateur autant que la précédente en fait le principal trésor, se rehabilite dans l'opinion publique par l'utilité de sa racine dont tout le monde connaît les propriétés diurétiques, rafraîchissantes et apéritives.

Elle nourrit les insectes suivants :

LÉPIDOPTÈRE.

Chelonia villica Linn. — V. Cerisier. La chenille vit sur le Chien-dent. Héring.

DIPTÈRE.

Lonchæa parvicornis. Meig. — M. Perris a fait connaître les développements de cette Lauxanide. La femelle perce avec sa tarière un bourgeon de Chien-dent et y depose un œuf. La présence de ce corps etranger determine le bourgeon à s'allonger en formant des courbes et à se dilater en forme de fuseau. C'est une galle extérieurement revêtue d'écailles pubescentes qui sont des feuilles avortées. La larve vit au centre de la substance de la galle en y creusant une galerie. Elle y passe à l'état de nymphe munie d'un mamelon sur le vertex et lorsque la dernière transformation va s'opérer, ce mamelon se dilate, et la coque s fend le long d'une suture latérale. Il ne reste plus à l'insecte qu'à écarter les écailles qu'une admirable combinaison de la nature a laissées libres à l'extrémité de la galle, et ce dernier travail n'exige ni beaucoup de temps, ni de grands efforts.

G. SEIGLE. Secale. Linn.

Epillets sessiles, solitaires, comprimés, triflores; les deux fleurs inférieures subopposées ; glumes étroites, subulées, carénées.

Autant le Froment se plaît dans les climats tempérés, dans les pays de plaines, dans les sols gras et fertiles, autant le Seigle se fait aux régions boréales, aux montagnes, aux terres stériles, sablonneuses ou calcaires; il brave les gelées les plus rigoureuses; sa rapide croissance est en harmonie avec les étés si courts de la Norwége; son chaume solide et flexible résiste aux efforts de la tempête. Il est la providence des Scandinaves, des montagnards, des pauvres habitants des steppes et des landes. Il leur donne un pain moins blanc, moins léger, mais beaucoup plus savoureux, plus nourrissant, mieux approprié à leurs estomacs robustes.

Les insectes suivants ont été signalés sur le Seigle.

COLÉOPTÈRES

Anisoplia agricola. Fab. — V. Rosier. Il se trouve sur les épis.
Anisoplia fruticosa. Id. — Ibid.
Cistela lepturoides. Fab. — V. Tilleul.
Apion frumentarius. Fab. — V. Tamarisc.
Calandra granaria. Linn. — V. Blé.
Cryptocephalus rufitarsis. Fab. — V. Cornouiller. Il vit dans les épis.
Crepidodera helxines. Fab. — V. Saule.

HYMENOPTÈRE.

Cephus pygmœus. Fab. —V. Blé.

HEMIPTÈRE.

Thrips physaphus. Fab. — V Vigne.

LEPIDOPTÈRES.

Agrotis segetum, Linn. — V. Bruyère.
Pyralis secalis. Linn. — V. Tamarisc. La chenille se tient dans les feuilles et les ronge.

Phalæna secalis. Linn. — La chenille vit dans les épis qu'elle ronge à l'intérieur.

Tinea granella. Linn. — V. Clématite.

DIPTÈRES.

Chlorops lineata. Meig. — V. Blé.
— cereris. Ib — Ibid.
— messoria. Id. —Ibid.
— guerinii Herp. — Ibid.
— Frit. Meig. — Ibid.

G. ELYME. Elymus. Linn.

Epillets sessiles, fasciculés, ordinairement à deux fleurs imbriquées. Glumes lancéolées ou subulées, coriacées.

Ce genre dont le nom a été emprunté de Théophraste qui l'employait pour une espèce de Panic, est représenté en France surtout par l'Elyme des sables, belle plante au feuillage glauque comme les flots de la mer, et qui croît dans les dunes où elle est fort utile pour en fixer les sables par ses longues racines traçantes.

Un seul insecte a été signalé sur cette Graminée.

LÉPIDOPTÈRES.

Laucania elymi. Tr. — V. Châtaignier. M. Guénée a observé la chenille sur l'El. arenarius.

G. ORGE. Hordeum. Linn.

Epillets uniflores, ternés; les latéraux généralement neutres ou mâles; celui du milieu hermaphrodite. Glumes raides, aristées au sommet.

Cultivée dans tous les temps et dans tous les lieux de l'Europe, de l'Asie occidentale et de l'Egypte, l'Orge n'a pas d'origine connue; on la retrouve dans les hypogées des anciens Scandinaves comme dans celles des Egyptiens ; il semble, au moins dans le Nord, que la culture en ait précédé celle des autres Céréales. Comme nourriture de l'homme, l'Orge a été préparée en pâte e en bouillie, longtemps avant de l'être en pain. Les Grecs en faisaient leurs petits gâteaux appelés Maza. C'est un esclave celte qui a appris aux Romains l'art de la boulangerie ; mais, comme le pain en est très-inférieur à celui du Froment, l'Orge a cédé peu à peu sous ce rapport, et n'a conservé toute son importance que dans les régions où elle est la seule Céréale cultivée. Cependant elle a été employée à fabriquer de la bierre, depuis une haute antiquité, dans les contrées boréales, en y joignant du Houblon, comme en Egypte par l'adjonction du Lupin. Elle entre pour beaucoup aussi dans la nourriture des bestiaux, soit en grain, soit en fourrage vert.

En médecine, depuis Hippocrate, l'eau d'Orge n'a pas cessé d'être la tisane par excellence comme adoucissante et analeptique ; nous devrions mentionner aussi le sucre d'Orge et l'Orgeat s'il y entrait encore de l'Orge.

Les insectes observés sur l'Orge sont :

COLEOPTERES.

Cerandrina cornuta. Fab. — Ce Taxicorne a été trouvé dans de l'Orge avariée par M. Chevrolat.

Sitonu frumentaria. Fab. — V. Houx Même observation.

Philethus cornutus. Fab.— Même observation.

Biophlœus depressus. — Ibid.

Monotoma 4. foveolata. — Ibid.

Labidostomis hordei. Fab. — V. Coudrier.

Cryptocephalus hordei. Linn.—V. Cornouiller. Il vit sur l'Orge marin.

Zeugophora melanopa. Linn (Chrys hordei. Foucr.) — Cette Chrysomeline vit sur l'Orge.

LEPIDOPTERES.

Hadena cespitis. W-W. — V. Spartier.
Tinea granella Linn. — V. Clématite.

DIPTERES.

Chlorops lineata. Meig. — V. Blé.
— Frit. Linn. — Ces petites Muscides vivent huit a dix dans chaque épi ; elles rongent la fleur et font avorter le grain. Du temps de Linnée, elles causaient un dommage annuel de 100,000 ducats pour la Suède seulement.

TRIBU.

ANDROPOGONEES. ANDROPOGONEÆ. Kunth.
Epillets biflores. Fleur inférieure neutre.

G. CANAMELLE. SACCHARUM. Linn.

Epillets geminés, l'un sessile, l'autre pédicellé. Glumes membraneuses, entourées d'une houppe de soie.

La Canne à sucre, cette haute et belle plante au long feuillage glauque, à l'ample panicule argentée, doit à l'exquise douceur de son suc, son utilité, sa celebrité, ses destinées singulières et accidentées. Originaire de l'Asie équatoriale, son sucre, quoique brut, a pénétré dès une haute antiquité chez les Grecs et les Romains, où il n'était guère employé qu'à titre de médicament sous le nom de Miel de roseau, mais signalé par Théophraste, Dioscoride, Galien, chanté par les poètes :

Quique bibunt tenera dulces ab arundine succos Lucain Phars. 1 3.

Peu a peu la plante a pénétré des bords du Gange dans l'Arabie, et elle a été cultivée et exploitée avec succes en Morée, en Sicile, en Calabre, en Espagne où il y avait encore des sucreries en 1789.

Transportée aux Antilles après la découverte de l'Amérique et ensuite sur le continent, la Canne y trouva toutes les conditions de la plus grande prospérité. Cependant, ses progrès furent lents. Sous le règne de Henri IV, le sucre se vendait encore à l'once et fort cher chez les pharmaciens de Paris ; mais, parvenue depuis lors à un degré très élevé de culture, elle a fourni à toute l'Europe ses produits devenus l'objet d'une consommation, d'un commerce et d'une navigation immenses ; elle a supplanté le sucre des abeilles qui depuis les premiers âges du monde entrait dans la plupart des combinaisons de la friandise humaine, qui contribuait aux délices des soupers d'Aspasie et de Lucullus; mais elle n'a pu enlever au miel le privilége que lui donnent ses douces vertus, de nous soulager dans nos maux.

Cependant, au plus haut degré de son triomphe, la Canne s'est trouvée en présence d'une émule européenne : la Betterave dont le produit identique qui a reçu de la science et de l'industrie la plus heureuse impulsion, aurait déjà supplanté celui de la Canne, en France, si le Gouvernement n'avait dû protéger celui-ci contre son rival en faveur des Colonies et du commerce maritime. Mais il n'est guère douteux que, dans un avenir plus ou moins rapproché, l'heureuse suppression de l'esclavage et l'émancipation des Colonies d'une part, et les grands intérêts de l'agriculture française de l'autre, ne donnent gain de cause à la Betterave qui a doté cette dernière de l'industrie la plus fertilisatrice de notre sol.

Quoi qu'il en soit, la concurrence a été favorable à la consommation du sucre qui ne cesse de s'accroître (1) sous toutes les formes que l'art le plus ingénieux a su lui donner et sous lesquelles la sensualité la plus raffinée les savoure.

Nous ne connaissons pas d'insecte qui vive sur la Canne à sucre en Europe ; mais le sucre même nourrit une espèce aptère :

---

(1) Cette consommation est de 5 liv. par année et pour chaque individu en France ; elle l'est de 10 liv. en Angleterre, et de 14 en Italie.

Lepisma saccharina. Fab. — Remarquable par sa couleur argentine.

En Amérique, deux insectes ont été signalés sur la Canne :

COLEOPTERE

Lucanus interruptus. Fab. — La larve de ce Lamellicorne ronge les racines.

LÉPIDOPTERE.

Bombyx semiramis. Fab. — La chenille dévore les feuilles.

CLASSE.

JUNCINÉES. Juncineæ. Bartl.

Périanthe à folioles tantôt toutes glumacées, tantôt les trois extérieures glumacées et les trois intérieures pétaloïdes. Ovaire inadhérent. Graines per*c*mees.

Cette classe, composée de plusieurs familles [1], forme une transition singulière entre les Graminées et les Liliacées, c'est-à-dire entre les plantes les plus utiles et les plus belles, sans présenter l'utilité des unes ni la beauté des autres. Elle est le trait-d'union qui relie deux groupes distingués entr'eux par des différences contrastantes, mais rapprochés par quelques caractères intermédiaires. La nature ne procède pas par sauts, *natura saltus non facit* (Linn.); mais ses transformations sont parfois merveilleusement subtiles.

Nous n'avons à parler que des Joncs et du petit nombre de leurs insectes.

G. JONC. Juncus. Linn.

Périanthe à six sépales dont les trois internes sont ou plus longs ou plus courts que les trois externes. Tiges sans feuilles.

---

(1) Les Restiacées, les Joncacées, les Xyridées et les Commélinacées

Les Joncs, dont le nom si vulgaire a été donné par les anciens et les modernes à un grand nombre de végétaux différents, sont aux yeux des botanistes ces plantes à la tige ronde, sans feuilles, tenaces, utiles à l'horticulture en lui fournissant des liens, nuisibles à l'agriculture, en altérant la qualité du fourrage dans les près humides où elles abondent.

Mais si la science restreint ainsi l'acception du nom, l'usage persiste à l'étendre et à appeler Jonc fleuri, le Butome; Jonc épineux, l'Ajonc; Jonc de la Passion, le Typha; Jonc du Nil, le Papyrus; Jonc des Indes, le Palmier Rotang, et le *Juncus mollis* de Virgile, qui paraît se rapporter au *Scirpus lacustris*.

Viminibus mollique paras detexere Junco (Ecl 2.72)

Insectes observés sur les Joncs.

COLÉOPTÈRES.

Cercus rufilabris. Lat. (C. Junci. Steph.) — Ce Clavicorne vit sur le Jonc

Balaninus tomentosus. Herbst. — V. Noyer.

Tapinotus sellatus. Fab. — Ce Curculionite a été pris en fauchant sur des Joncs. Perris.

Tychius junceus. Reich. — V. Spartier.

Lixus junci. Sch. — V. Spartier.

Chrysomela juncorum. Suff. — V. Saule.

Plectroscelis viridissima Dej. — Voisin des Altises.

Bryaxis juncorum. Leach. — On trouve ce Psélaphien en fauchant sur les Joncs des marais. Perris

HEMIPTERES.

Chorosoma juncorum. Curtis. — V. Carex.

Livia juncorum Lat. — Cette Psyllide vit, sous toutes ses formes, sur les Joncs et particulièrement sur le J. supinus, dans les fleurs hypertrophiées.

LEPIDOPTERES.

Nonagria junci. B. — V. Sureau.

Mythimna turca. Linn. — Cette Leucanide a les palpes epais, serrés contre la tête, et les pieds très velus dans les mâles. La chenille est rase; la chrysalide est renfermée dans un cocon peu solide, dans la terre ou à sa surface.

Calocampa vetusta. Hubn. — Cette Xylinide a les antennes épaisses et crénelées dans les mâles, et le front muni d'un toupet obtus à deux sillons. La chenille est rase, très allongée. Elle s'enterre profondément pour se transformer, et son cocon est entièrement de terre et très-fragile.

Coleophora albicolella. Mann. — V. Tilleul. La chenille vit sur les spires du *Juncus conglomeratus*. Zeller.

Coleophora lacunicolella. Mann — Ibid. Cette espèce vole en mai au Prater de Vienne, le long d'un bras du Danube, sur les Joncs. Zell.

Elachista arundinella. F. V. C. — V. Houx.

DIPTERES.

Ortalis syngenesiæ. Fab. — V. Cerisier. Cette espèce se trouve sur les Joncs.

Ochthiphila juncorum. Meig. — Cette petite Muscide se trouve en abondance sur les Joncs.

G. LUZULE. Luzula. Desv.

Perianthe à six sépales, dont les trois internes sont de la même longueur que les externes. Tiges munies de feuilles.

Le *Juncus campestris* (Linn.), qui est le type de ce genre, se fait remarquer par les ombelles que forment ses fleurs brunes et dont les calices sont herissés de pointes. Il croît dans les pâturages secs, sur la lisière des bois, sur le flanc des montagnes.

Deux insectes ont été signalés sur les Luzules.

COLÉOPTÈRES.

Chrysomela juncorum. Suff. — V. Saule. Il vit sur la *Luzula maxima*.

LÉPIDOPTÈRES.

Emydia grammica. Linn. — Cette Lithoside a les palpes très-courts. La chenille est garnie de tubercules surmontés d'aigrettes. Elle se transforme dans un tissu lâche, entouré de mousse. Elle vit sur la Luzula verna. Freyer.

CLASSE.

ENSIFÈRES. Ensatæ. Bartl.

Fleurs hermaphrodites, terminales. Périanthe adhérent, supère, à six sépales bisériés ; étamines, six à trois, épigynes. Pistil a ovaire triloculaire. Feuilles nerveuses, le plus souvent en forme de lame.

Cette classe est composée de plusieurs familles (1) très-remarquables par la beauté de leurs fleurs et quelquefois par l'excellence de leurs fruits. Il suffit de citer les Iris, les Narcisses, les Amaryllis, pour rappeler combien elle charme nos yeux ; il suffit de nommer l'Ananas pour proclamer sa suprématie sur les autres plantes, par la triple perfection de la beauté, du parfum et de la saveur, surtout lorsqu'il nous est donné de le déguster mûri par le soleil des Antilles et expédié à Paris par la vapeur.

C'est à cette classe qu'appartiennent les Agavé qui fournissent aux Mexicains presque tout ce qui est nécessaire à leurs besoins : vin, miel, vêtements, papier, hamacs, cordes d'arc, lignes à pêche, poutres, solives, tuiles, pieux, haies impénétrables.

Nous ne connaissons qu'un petit nombre d'insectes vivant sur les Ensifères.

---

(1) Les Broméliacées, les Amaryllidées, les Iridées, les Hémodoracées, les Hypoxydées et les Burmanniacées.

FAMILLE.

IRIDEES Irideæ. Juss.

Fleurs hermaphrodites, accompagnées de bractées. Périanthe adhérent, supère; sépales bisériées. Trois étamines épigynes. Style terminé par trois stigmates le plus souvent pétaloïdes.

Cette famille, par l'un de ses caractères distinctifs, les trois étamines, se rattache encore aux Glumacées, aux Monocotylédones inférieures; par ses autres caractères et par la beauté de ses fleurs, elle se rapproche des classes supérieures, elle s'allie aux Liliacées, délices du règne végétal. Autour du genre aussi élégant que nombreux des Iris, dont elle a emprunté le nom, se groupent les Glayeuls dont l'espèce indigène a fait place dans nos jardins aux races brillantes du Cap, les jolies Antholyzes, les superbes Tigridies, les Crocus auxquels nous devons le safran, les Morees qui fournissent un aliment aux Hottentots, le Sisyrhynchium des montagnes de la Macédoine, que les Grecs faisaient cueillir par de jeunes vierges pour l'offrir aux dieux et se rendre la terre favorable, enfin, un grand nombre d'autres qui contribuent à l'ornement de nos serres.

Les Iris seuls ont donné lieu à des observations entomologiques.

G. IRIS. Iris. Linn.

Périanthe régulier. Limbe a 6 divisions : les trois extérieures ordinairement inclinées, les trois intérieures ordinairement dressées ; les trois étamines insérées à la gorge du périanthe, et les trois stigmates en forme de pétales.

Le nom du brillant météore de la messagère céleste a été donné à plusieurs objets dont les couleurs le rappellent : à une pierre précieuse, à un papillon, à la partie colorée de l'œil, au genre de plantes qui nous occupe. Ces dernières le doivent aux anciens.

Iris à cœlestis arcûs similitudine nomen accepit. Dioscor. En effet, toutes les teintes les plus vives, les nuances les plus suaves de l'Iris céleste s'y retrouvent harmonieusement reproduites ; mais, si la coloration seule leur a valu ce nom charmant, elles le méritent plus encore par leurs formes pittoresques, par l'agencement gracieux des différentes parties, par la forme insolite et mystérieuse de l'un des organes. Des six divisions du calice sans corolle ou de la corolle sans calice nous en voyons alternativement trois recourbées vers la terre et trois dressées vers le ciel, les unes et les autres amplement dilatées, élégamment chiffonnées. Sur chacune des trois inclinées s'étend une autre partie en forme de pétale qui la recouvre hermétiquement. Si nous la soulevons, nous voyons une étamine entre la division du calice et son opercule qui, sous cette forme déguisée, est le stigmate fécondateur, et ce qui contribue encore à la beauté de la plante, c'est le groupe que forment les fleurs sur chaque tige, dans les différentes phases de la floraison, c'est la touffe de feuilles en forme de glaive acéré qui semble en défendre les approches.

Les Iris, dont 130 espèces sont connues, se répartissent sur tout le globe, à l'exception des tropiques ; ils embellissent tous les sites depuis le bord des marécages jusqu'aux interstices des rochers et aux toits des chaumières. Leur abondance jointe aux nombreuses propriétés de leurs tubercules leur donnent une importance plus ou moins réelle ; les médecins s'en servent avec succès, les charlatans en exaltent les vertus imaginaires ; les parfumeurs en font des essences de Violettes, les marchands de vin en font du St-Péray, les épiciers du café, les Ecossais de l'encre, les Hottentots leur nourriture.

Les insectes qui ont été observés sur les Iris se réduisent à un petit nombre d'espèces qui vivent sur l'I. pseudo-acorus.

COLÉOPTÈRES.

Aphthona cœruba. Gyll. — Sur l'Iris pseudo-acorus.
Lixus turbatus. Gyll. L. Iridis. Oliv. — V. Spartier.
Curculio Ireos. Linn. — Sibérie. Brez.

Mononychus pseudo-acori. Fab.— La larve se nourrit des fruits de l'I. pseudo acor. et s'y transforme. Perris.

LÉPIDOPTÈRES.

Hydrœcia leucostigma. Hubn.— Les chenilles de cette Gortynide et de ses congénères sont munies de plaques écailleuses sur le 1.er et le 12 segments. Elles vivent au pied des Iris et en rongent les tubercules. M. Hering les a observées sur l'I pseudo acorus et le pumila.

Simyra venosa. Borkh. — V. Saule.

DIPTÈRES.

Oscinis nigerrima ? Macq. — M. Goureau a observé la larve de cette Muscide minant les feuilles de l'I pseudo ac.

Agromyza nana. Meig. — Même observation.

FAMILLE.

AMARYLLIDEES. AMARYLLIDEÆ. Rob. Br.

Périanthe supère, à segments tous pétaloïdes. Six étamines ordinairement épigynes. Pistil à ovaire infère.

Cette famille brillante, ainsi que l'exprime le beau nom d'Amaryllis, réunit toutes les qualités qui charment les yeux ; l'élégance des formes, la grâce du port, l'éclat des couleurs ou leurs douces nuances, en élèvent les fleurs à l'un des rangs les plus distingués du règne végétal. Souvent elles joignent à la beauté la suavité de leurs parfums; toutes semblent avoir quelque chose d'aimable ou d'intéressant à nous dire. La Nivéole qui perce la neige à peine aussi blanche que ses corolles, nous annonce l'approche du printemps. Le Narcisse penché au bord des eaux, nous parle morale, en nous rappelant la triste destinée de l'insensé, idolâtre de lui-même. Le Lys St-Jacques nous représente dans toute sa splendeur le signe vénéré que portent sur leur robe les chevaliers de Calatrava et dont le pourpre sable d'or efface l'éclat des autres fleurs.

Parmi les autres sommités de cette famille nous mentionnerons l'Amaryllis Joséphine, le colosse dont l'ombelle composée de 60 fleurs grandes comme le Lys a près de trois mètres de circonférence, le Lys de Guernesey dont la fleur écarlate a tant d'éclat qu'elle trahit son origine exotique et qu'elle accrédite l'opinion suivant laquelle la présence de la plante dans cette île est due au naufrage d'un vaisseau venant du Japon au xvii.e siècle.

Nous citerons encore parmi les autres notabilités dont abonde ce beau groupe : les Crinum, les Pancratium, les Alstrémères qui brillent dans nos serres.

De cette famille nous n'avons à mentionner que trois genres, sous le rapport entomologique. Tous les autres paraissent être respectés par les insectes.

G. NARCISSE. Narcissus. Linn.

Périanthe hypocratériforme, à tube droit et gorge couronnée d'un godet. Etamines insérées plus bas que le godet. Ovaire triloculaire.

Le nom de Narcisse derive de Nardjis en Arabe et en Persan.

Ce genre, composé d'un grand nombre d'espèces, la plupart de l'Europe méridionale, a été divise par M. Haworth en plusieurs sous genres, caractérisés ordinairement par la forme du godet, et auxquels il a donné des noms le plus souvent grecs, tels qu'Ajax, Hermione, Hélène, Philogyne, Diomède, Illus, Ganymède, qui sont de fantaisie, mais au moins euphoniques.

Parmi les espèces, qui ne connaît la Jonquille qui exhale un parfum si suave, le Narcisse des poètes, celui que Virgile et Ovide ont nommé dans leurs vers.

> Pars intra septa domorum
> Narcissi lacrymain
> Prima favis ponunt fundamina
>   Géorg. 4. 160.
>
> Mala ferant quercus, Narcisso floreat alnus.
>   Egl. 8. 53.

Peu d'insectes ont été observés sur les Narcisses.

HEMIPTÈRE.

Physapus ater. Degeer. — Ce petit Thrips vit dans les fleurs.

DIPTÈRES.

Merodon Narcissi. Fab. — Cette Syrphide et la plupart de ses congénères se développent dans les oignons de Narcisse. Réaumur y a découvert les larves, une ou deux dans chaque bulbe : elles sont ridées, cylindriques, un peu atténuées aux deux extrémités ; la tête est armée de deux crochets cornés, pointus, courbés en dessous. Au dessus de ces crochets se trouve une corne charnue, fendue à l'extrémité. Plusieurs de ces larves se sont métamorphosées dans les oignons mêmes ; d'autres n'ont passé qu'à l'état de nymphe vers la fin de l'hiver. C'est au mois de mai qu'elles prennent la forme ailée.

G. PANCRATIUM. Pancratium. Linn.

Périanthe infundibuliforme ; gorge à godet pétaloïde, campanulé, à six dents alternes avec les étamines ; tube long, grêle. Etamines insérées entre les dents. Ovaires triloculaires. Stigmate entier.

Entre les plus belles Liliacées brillent les Pancratium dont les fleurs déploient toute la pompe que peut atteindre le règne végétal, rehaussée par le charme de la grâce et de l'élégance. Diversifiées en plusieurs espèces dont deux appartiennent à l'Europe méridionale, ces fleurs tantôt s'épanouissent sous la forme de brillantes étoiles dont les rayons sont formés par les profonds sinus de leur corolle ; tantôt se groupent en magnifique ombelle dont se couronnent des hampes élevées, ou se réunissent en somptueux cratère dont le centre est décoré d'un faisceau d'anthères d'or sans cesse vacillantes. Le plus souvent à cette beauté se joint un parfum où se combinent ceux du Narcisse et de la Vanille. Dans l'une des espèces la floraison se termine par un phénomène singulier :

la hampe se courbe, devient horizontale, prend une rigidité inflexible et c'est dans cette attitude que la fructification s'opère et que la graine mûrit.

Le nom de Pancratium, *tout puissant*, a été donné par Dioscoride, non à ce beau genre de plantes, mais à l'Allium magicum, auquel les Anciens attribuaient des propriétés universelles; c'est par ricochet qu'il est arrivé aux fleurs qui le portent aujourd'hui, et qui n'ont que la puissance que donne la beauté.

Les insectes observés sur les Pancratium se réduisent à deux.

LÉPIDOPTÈRES.

Glottula pancratii. Cyrill. — Cette Apamide a la trompe rudimentaire, réduite à un double filet grêle, la chenille est glabre, elle attaque les bulbes et les feuilles du *Pancratium maritimum*. La chrysalide est renfermée dans des coques de terre et enterrée. Guénée.

Glottula encausta. Hubn. — Ibid. ibid.

G. ALSTRÉMÈRE. Alstroemera. Linn.

Périanthe irrégulier. Sépales disjoints, inégaux, onguiculés; les 3 intérieurs plus étroits; étamines insérées à la base des sépales; style filiforme; stigmate à trois lanières recourbées.

Les fleurs de ces belles plantes joignent à l'éclat et à la disposition élégante des couleurs, la grandeur, la grâce et une pittoresque irrégularité qui en rehausse encore la beauté. Transportées des vallées de la Colombie, du Mexique, des Antilles, dans nos serres, les nombreuses espèces y fleurissent successivement presque toute l'année, et nous voyons le Lys des Incas, affublé de son nom suédois, s'épanouir sur les bords de la Baltique comme dans les vallées du Pérou.

Un petit papillon de l'Allemagne, porte le nom de ces plantes, sans doute parce que sa chenille en ronge le feuillage.

Hæmilis alstræmerella. Hubn. — Cette Tinéide a les antennes aussi longues que le corps. L'abdomen des mâles est terminé par un bouquet de poils. La chenille porte un ecusson corné et des points verruqueux surmontés d'un poil. Elle vit et se métamorphose entre des feuilles qu'elle réunit avec de la soie.

CLASSE.

LILIACEES. LILIACEÆ. Bartl.

Périanthe ordinairement inadhérent, régulier, à six sépales ou six divisions. Etamines six, antépositives, hypogynes ou insérées au périanthe. Anthères ordinairement introrses, à deux thèques. Ovaire triloculaire.

Aucune classe végétale n'égale celle-ci en beauté. Elle doit son nom à la fleur qui est le type de ce don suprême, et cette beauté, pour nous charmer davantage encore, se diversifie sous toutes les formes que l'imagination peut concevoir; elle nous présente toutes les modifications de la grâce, de l'élégance, du coloris, toutes les combinaisons de l'agencement en bouquet, en ombelle, en panicule, en verticille, en corymbe. Elle nous plaît par toutes les nuances de la séduction. Le Muguet, l'Anthérie, l'Asphodèle, la Jacinthe, la Tubereuse, l'Hemérocalle, la Tulipe, l'Agapanthe, le Yucca, l'Impériale, le Lis, et tant d'autres aimables fleurs, forment une gradation qui nous charme.

Les Liliacees ne se bornent pas à être belles, elles nous sont précieuses par leurs propriétés, et elles varient également les services qu'elles nous rendent. Nous y trouvons en plantes potagères l'Ail, ses utiles congénères et l'Asperge; les habitants des tropiques possèdent dans les tubercules des Ignames leur plus grande ressource alimentaire; en plantes textiles, le Phormium de la Nouvelle-Zélande fournit à la marine de l'Europe une partie de ses câbles; en plantes médicinales, la Salsepareille présente ses propriétés sudorifiques, l'Aloes, ses vertus toniques; il fait la base de l'élixir de longue vie, qui a trompé tant d'espérances.

La plupart des Liliacées n'ayant qu'une végétation de courte durée, ne nourrissent qu'un petit nombre d'insectes.

FAMILLE.

SMILACEES, Smilaceæ. Bob. Br.

Périanthe inadhérent, à six divisions ; étamines hypogynes ou insérées à la base des sépales ; anthères introrses. Styles connés ou distincts ; ovaire inadhérent.

Cette famille de Liliacées, quoique peu nombreuse, comprend des végétaux dans lesquels l'unité de composition s'unit étrangement à la diversité de forme. Les caractères les plus irrécusables forment un seul groupe, non-seulement de l'Asperge potagère, du Muguet parfumé, du Fragon épineux, mais encore du Smilax salsepareille et surtout du monstrueux Dragonnier, dont le tronc atteint 15 mètres de circonférence. Jamais les extrêmes ne se sont autant rapprochés que l'humble plante herbacée dont la végétation a duré à peine un mois, et l'arbre colossal de la vallée d'Orotava, à la base du pic de Ténériffe, dont l'existence remonte aux premiers âges du monde, contemporain du Baobab, qui, non loin de là, au Sénégal, brave de même l'effort des siècles pour le soumettre a la loi commune ! Qui apprendra aux générations futures comment et pourquoi le Muguet et le Dragonnier forment un même anneau dans la chaîne des êtres ?

Nous n'avons qu'un petit nombre d'insectes à mentionner dans cette famille.

G. MUGUET. Convallaria. Linn. (1)

Périanthe campanulé, à six lobes recourbés ; étamines incluses ; insérées à la base du périanthe, ovaire non stipité, stigmate petit, obtus.

(1) Le nom de Muguet dérive de Muscatus. La Noix muscade a été appelée Noix muguette (Saumaise et Ménage.)

Rival de l'aimable Violette, le Muguet nous charme lorsque dans nos courses printanières dans les forêts ombreuses, nous apercevons ses jolies grappes blanches en même temps que nous savourons son odeur si fine. L'une et l'autre fleur nous plaisent. Seulement la Violette se cache et le Muguet se montre; le parfum de l'une décèle des propriétés bienfaisantes, celui de l'autre trahit un principe irritant. L'une est le symbole de la modestie, l'autre de la prétention de séduire.

Rien ne se ressemble moins que le Muguet et le Lis. Il ne nous faut rien moins que les savantes analyses de la botanique et de la chimie, pour nous convaincre des rapports qui les unissent; mais l'instinct des insectes est d'accord avec la botanique et la chimie, et les mêmes espèces vivent sur le Muguet et sur le Lis.

COLEOPTERES.

Lema merdigera. Linn. — V. Lis.
—— brunnea. Fab. — Ibid.

G. SCEAU DE SALOMON. POLYGONATUM. Tourn.

Périanthe tubuleux, à six lobes dressés; étamines insérées vers le milieu du périanthe. Ovaire non stipité. Stigmate petit, obtus.

Ces plantes voisines du Muguet, de taille plus élevée, habitantes comme lui des forêts, sont également ornées de fleurs agréables, mais dénuées d'odeur, c'est-à-dire du principal mérite de celles de leur voisin.

Un seul insecte a été observé sur ces plantes :

HYMÉNOPTÈRE.

Tenthredo trichocera. Lep. V. Groseiller. — Suivant M. Perris, la fausse chenille vit des feuilles du Polygonatum multiflora, et se transforme dans la terre.

G. ASPERGE, ASPARAGUS. — Linn.

Périanthe campanule, à six parties étalées au sommet; étamines incluses, inserees au fond du perianthe; ovaire non stipite. Stigmate trilobé.

Les Grecs et les Romains mangeaient les Asperges comme nous. Les premiers leur ont donné leur nom, et ils en distinguaient des variétés sous ceux d'Orminon et de Myacanthon. Les Romains en ont connu les propriétés et la culture. Caton qui en a traité dans ses ouvrages, sous ce dernier rapport, conseillait de les planter parmi les roseaux. Athénée distinguait celles des prairies et celles des montagnes, et il préferait celles qui n'avaient pas été semées. On recueillait, ainsi qu'on le fait encore en Italie, les Asperges qui croissaient spontanément dans les prés, dans les bois, comme celles que l'on cultivait dans les jardins. La nature, dit Pline, avait fait les Asperges sauvages, afin que chacun les cueillît en tous lieux, mais les voilà perfectionnées, et Ravenne les vend trois à la livre. (1) Juvénal annonce des Asperges à Persicus, en l'invitant à souper à Tivoli.

Asparagi pasilo quos tegit villica montani fuso. (Sat. XI.)

Je m'etonne que Brillat Savarin n'ait parlé de l'Asperge que pour raconter le fait suivant : « On vint dire un jour à Mgr. Courtois de Quincy, evêque de Bellay, qu'une Asperge merveilleuse pointait dans un des carrés de son potager; la nouvelle ne se trouve ni fausse ni exagérée; la plante avait percé la terre, la tête en était arrondie, vernissée, diaprée, et promettait une colonne plus que de pleine main.

« Monseigneur s'avança armé du couteau, et allait séparer de sa tige le végétal orgueilleux; mais, ô surprise! ô désappointement! ô douleur! l'Asperge était de bois. »

La plaisanterie un peu forte était du chanoine Rosset, qui

---

(1) Sylvestres fecerat natura corradas, ut quisque demeteret passim. Ecce altiles spectantur asparagi, et Ravenna ternos libris rependit Pl. lib. 19.

tournait à merveille et peignait agréablement. Monseigneur la prit chretiennement ; il en rit et toute sa cour en fit de même.

Insectes de l'Asperge :

COLEOPTERES.

Lytta vesicatoria. Linn. — V. Catalpa. Il cause quelquefois de grands dégats dans les plants d'Asperge. Goureau.

Lema asparagi. Linn. — V. Lys. Il vit sur l'Asperge.
—— 12 punctata. Fab. — Ibid.
—— campestris. — Ibid.
—— 5 punctata. — Ibid.
—— paracenthesis. — Ibid. Sur l'Asperge sauvage.

HÉMIPTERE.

Pentutoma oleracea. Linn. — V. Genevrier. Il vit sur l'Asperge en Lithuanie. Gorski.

DIPTERES.

Tipula hortulana. Linn. — V. Graminees. La larve fait quelquefois les plus grands ravages dans les plants d'Asperges.

Ortalis fulminans. Meig. — V. Cerisier. La larve vit dans la tige de l'Asperge où elle creuse une galerie puis s'etend jusqu'aux racines. Bouché.

FAMILLE.

COLCHICACEES. Colchicaceæ. De Cand.

Périanthe coloré, étamines insérées à la base des sépales, anthères ordinairement extrorses, styles dictincts, ovaire inadhérent.

Cette famille doit son nom à la plante trop célèbre de la Colchide, dont Médée composait ses poisons. Aussi commun dans nos prairies aquatiques, le Colchique y apporte les mêmes qualites deletères, et il est d'autant plus dangereux que ses jolies fleurs invitent à les cueillir, et qu'elles ne sont pas moins malfaisantes que les feuilles et les bulbes. Ces fleurs présentent une singularité assez remarquable : elles s'épanouissent en automne sans tiges ni feuilles et disparaissent. Cependant les ovaires fécondés passent l'hiver dans un état d'inertie sous la terre, et au retour du printemps les graines se développent et paraissent portées sur une hampe et accompagnées de feuillage.

Parmi les autres plantes de cette famille, les seules sur lesquelles des insectes ont été observés, sont les Vératres.

G. VERATRE. Veratrum. Tourn.

Perianthe persistant ; sépales oblongs, étalés ; étamines a filets filiformes ; anthères unithèques ; ovaire à trois coques multiovulées. Stigmates petits, terminaux.

Comme les Colchiques, peu de plantes possèdent des qualités aussi énergiques que les Vérâtres. Poison redoutable ou puissant remède, elles donnent la mort ou guérissent de nombreuses maladies. Avant d'être exclues de la thérapeutique comme trop dangereuses dans l'emploi qui en était fait, l'espèce à fleurs blanches qui croît sur nos hautes montagnes, a été reconnue comme identique avec l'Ellebore des anciens, qui jouissait d'une haute réputation surtout pour la guérison de la folie. Les philosophes en prenaient une légère infusion pour se rendre plus propres aux travaux intellectuels. Il était pour Senèque, par exemple, ce que le café était pour Voltaire : la boisson spirituelle.

Le Vérâtre noir est très-remarquable par le nombre et la diversité des insectes qui viennent butiner sur ses fleurs ; c'est un bourdonnement incessant.

Un seul insecte, à notre connaissance, se développe sur les Vérâtres, c'est le Lépidoptère.

Argyrotosa rolandriana. Linn. — V. Poirier. La chenille de cette Platyamide ronge les feuilles a mesure qu'elles se développent.

FAMILLE.

ASPHODELEES. Asphodeleæ. Bartl.

Périanthe inadhérent; sépales ou lobes bisériés. Etamines à filets libres; anthères introrses, styles connes; péricarpe capsulaire.

Cette famille comprend la plupart des Liliacées les plus conformes aux caractères de la classe et les plus remarquables par la beauté. Il suffit de nommer le Lys, la Tulipe, la Hyacinthe, l'Hémérocalle, la Tubéreuse, pour nous rappeler combien ils flattent nos sens par l'élégance, la grâce des formes, la pureté ou l'éclat des couleurs, la suavité des parfums. Par leur splendide parure ces herbes des champs, des vallées, ont reçu la mission de montrer à l'homme à quel point la Providence divine veille sur lui.

Quelques espèces se recommandent par leur utilité. Le groupe des Alliacées surtout occupe un rang distingué parmi nos plantes potagères. L'Aloes nous fournit des sucs utilement employés en medecine.

C'est à cette famille qu'appartient aussi le Phormium textile, ce lin de la nouvelle Zélande, qui présente une fibre végétale plus tenace qu'aucune autre, et que l'Europe emprunte pour sa marine à l'Océanie, en attendant que sa naturalisation nous en procure gratuitement les avantages

Les insectes des Asphodélées ne sont pas nombreux et ne présentent pas un grand intérêt.

G. TULIPE. Tulipa (1). Tourn.

Périanthe à six sépales disjointes, en forme de cloche, étamines hypogynes, courtes. Ovaire à gros stigmate persistant.

Lorsque Bousbecque, ambassadeur à Constantinople et le

---

(1) Ce nom dérive du persan Thoulyban, qui est devenu Tulipan, Tulpan et Turban, dont la fleur a la forme.

savant botaniste Clusius, deux hommes que le Nord de la France s'honore d'avoir produits (1) dotèrent leur pays de cette belle plante, ils ne soupçonnaient pas sans doute l'étrange succès qu'elle y obtiendrait. La fête même des Tulipes, qui est célébrée tous les ans dans le sérail du grand seigneur, ne devait pas les préparer au triomphe merveilleux de cette fleur qui plus que toute autre a été l'objet d'un culte plutôt que d'une culture. C'est qu'au charme de la beauté, à la grâce de la forme, à l'éclat des couleurs, à l'élégance des dessins, il se joignait tout le prestige qu'y attachaient la mode, l'engouement, la vanité. Ces coupes charmantes qui faisaient les délices de Voltaire, du maréchal Biron, qui semblent forgées par le Dieu des arts, ciselées et peintes par celui du goût; ne justifiaient pas l'extravagance des transactions qui se commettait pour satisfaire cette passion desordonnée. Le prix fabuleux donné pour un oignon du Semper Augusta, et la brasserie de Lille echangée pour un autre et cent folies semblables (2) attestent l'enchantement que cette fleur produisait surtout en Hollande et en Flandre.

Cependant, comme tout ce qui est excessif, la Tulipe vit sa gloire s'obscurcir; elle fut négligée, délaissée, presque méprisée; on méprisa sa beauté et elle put dire :

Je n'ai mérité,
Ni cet excès d'honneur, ni cette indignité.

L'on n'a observé sur la Tulipe que trois petits insectes.

HÉMIPTERES.

Aphis tulipæ. — M. de Fons-Colombe a trouvé ce Puceron vivant

---

(1) Bousbecque envoya des graines à Clusius (Delecluse) en 1575.

(2) Un hollandais donna pour une Tulipe 36 septiers de froment, 72 de riz, 4 bœufs gras, 12 brebis grasses, 8 porcs engraissés, 2 muids de vin, 4 tonneaux de bière, 2 tonneaux de beurre, 1,000 livres de fromage, 1 lit, des habits et une grande tasse d'argent.

en famille sous la première enveloppe des oignons de Tulipe, arrachés et conservés, au mois de novembre.

Leucanium (Coccus? Tuliparum.) Bouche. — V. Tamarisc.

DIPTERE.

Cecidomyia fuscicollis. Meig. — V. Groseiller. — La larve vit dans les bulbes de Tulipe.

G. LIS. Lilium. Linn.

Périanthe à six sépales disjoints, connivents à leur base, étalés dans le haut, munis d'une glande nectarifère. Étamines hypogynes, ovaire prismatique, trigone

Nous venons de voir dans la Tulipe une fleur qui doit à son éclatante beauté une destinée brillante, mais accidentée, une faveur passionnée, mais de vogue et semblable à la popularité.

Bien au-dessus d'elle se présente dans toute sa noblesse, sa dignité, sa majesté, l'admirable Lis dont l'empire sur les autres fleurs est toujours le même, universellement reconnu dans tous les temps et dans tous les lieux ; c'est lui dont le Sauveur des hommes a dit qu'il a plus de magnificence que Salomon dans toute sa gloire; et cette beauté a un attrait d'autant plus puissant qu'elle est rehaussée par une noble simplicité et par une pureté parfaite de forme et de couleur.

Aussi le Lis est-il le touchant emblème de la candeur et de l'innocence ; les Romains le regardaient aussi comme celui de l'espérance.

Il partage avec la Rose le sceptre de la beauté ; réunis ils nous montrent la charmante image du plaisir joint à l'innocence, c'est à dire du bonheur le plus pur.

L'un des plus beaux titres de gloire du Lis, c'est de figurer dans le blason royal de France, d'être le symbole de ce beau

---

(1) Le nom du Lis, dans toutes les langues modernes de l'Europe, dérive de Lilium en latin, de Lirion en grec et de Laleh en persan.

pays et rester inséparable de son bonheur et de sa véritable gloire.

Parmi les insectes du Lis, le plus remarquable est le joli Coléoptère rouge que l'on prendrait pour une goutte de sang sur un vase d'albâtre.

COLÉOPTÈRES.

Lema merdigera. Linn. — La larve de cette Chrysomehne dévore le feuillage et elle a l'instinct de se couvrir de ses déjections.

Abdominalis med. — Sur le Lilium bulbiferum.

HÉMIPTÈRE.

Leucanium liliacearum. Bouché — V. Tulipe.

G. JACINTHE Hyacinthus. Linn

Périanthe infundibuliforme, a base ventrue; les six divisions liguliformes, étalées. Etamines incluses, insérées au tube du périanthe; ovaire non stipité; stigmate petit, tronqué.

La faveur dont jouit la Jacynthe orientale est fondée sur ses fleurs charmantes de forme, et de couleur, groupées en élégants bouquets, douées du parfum le plus suave et devenues par les artifices de la culture d'une richesse extrême en variétés. Cette plante gracieuse, à la fois aquatique et terrestre, fleurit non-seulement dans nos jardins, mais dans le boudoir des dames comme dans le cabinet des savants. Toute l'Europe est tributaire d'Harlem qui sait apprécier la Jacinthe surtout comme branche de commerce.

Cette fleur a trop de grâce et de charme pour lui disputer le nom poétique dont elle est en possession. Nous voyons en elle la beauté, l'élégance, la délicatesse de l'ame d'Apollon que ce dieu, inconsolable d'avoir causé sa mort, voulut immortaliser au moins sous cette forme gracieuse; nous ne discuterons pas les droits qu'ont a ce nom la Dauphinelle Ajax, et le Lis Martagon, en faveur des lettres AI, AI qu'ils portent au fond de leur corolle et qui expriment encore les gémissements d'Hyacinthe.

> Formamque en quam Lilia, si non
> Purpureus color huic, argenteus esset in illis
> Ipse suos gemitus foliis inscribit, et AI, AI,
> Flos habet inscriptum.
> Ovide

On ne pourrait pas plus enlever a cette fleur son nom que sa beauté.

Un seul insecte a été observé sur les Jacinthes, c'est le Lépidoptère,

Caradrina plantaginis. Hubn. Cette Noctuélite a la trompe robuste et les palpes ecartés l'un de l'autre. La chenille est courte, ramassée, atténuée aux deux extremités. Elle se renferme, pour se metamorphoser, dans un cocon composé de terre et de soie, et s'enterre profondément.

G. AIL. ALLIUM. Linn.

Plantes bulbeuses. Fleurs en ombelle, accompagnées d'une spathe membraneuse. Pédicelles inarticulés. Périanthe persistant, à sépales étalés. Etamines insérées à la base des sépales. Ovaire trisulqué. Stigmate tronque, ou capitelle ou tridente.

Ce genre de Liliacées presente peu la beauté de sa classe, mais il rachète grandement cette infériorité par ses qualités utiles. Il leur doit une célébrité qui remonte aux premiers âges du monde. Plusieurs espèces particulièrement ont acquis une grande popularité. L'oignon avait cté mis au rang des dieux de l'Egypte, sans doute en faveur de son utilité, et les Hébreux dans le désert, avant de recevoir la manne céleste, regrettaient non-seulement les marmites pleines de viande, mais encore les oignons de l'Egypte. Les Grecs recherchaient ceux de Corcyre et de Samothrace. Les Romains, chez qui l'on retrouve pour la premiere fois leur nom français (1), en faisaient comme nous un grand usage condimentaire, et y reconnaissaient toutes les propriétés médicales d'une panacée. Les Français du moyen-âge distinguaient les oignons de Corbeil (2). Le miroton et la soupe à l'oignon sont arrivés de génération en génération jusqu'à nous, ainsi que les mille autres combinaisons culinaires dans lesquelles entre ce dieu de la cuisine.

L'Ail proprement dit n'est pas moins connu que son congénère, mais ses qualités plus prononcées ont de l'attrait ou inspirent de la répulsion suivant les goûts. Les Athéniens en étaient friands ; les Romains l'abandonnaient aux appétits grossiers, et Horace le comparait aux plus affreux poisons. Chez les modernes, le nord le repousse, le midi en fait ses délices. Dix navires pourraient à peine enlever toutes les gousses d'Ail qui sont apportées à la foire de Beaucaire. Sous le rapport médical, ses vertus sont si nombreuses, qu'il est la Thériaque des pauvres, c'est-à-dire leur remède universel.

Le Poireau, ce mets maintenant si vulgaire, était employé par Néron comme un moyen d'entretenir sa belle voix ; celui du territoire de Tarente exhalait un parfum si expansif que Martial recommande l'*Osculum clausum* dans une épigramme érotique.

Enfin, l'humble Echalotte s'étonne de devoir son nom à la ville d'Ascalon et d'être un trophée glorieux de la première croisade

Insectes des diverses espèces d'Ail.

COLÉOPTÈRES.

Anencodes rufiventris. Scop. — V Spirca. Il vit sur les fleurs des oignons. Schmidt.

Anencodes azurea. Meg. — Ibid.

Brachycerus siculus. Dej. — M. Ghiliani a observé plusieurs de

---

(1) Columelle, qui vivait au 1.er siècle de l'ère chrétienne, dit cepam marsicam simplicem, quam vocant unionem rustici, eligite.

(2) Un vieux fabliau, *le Forgeron de Creil*, en fait mention.

ces Curculionites qui venaient de subir leur dernière métamorphose dans l'intérieur de l'Ail. (Allium sativum. Linn.)

Lema brunnea. Fab. — V. Lis. La larve ronge la feuille de l'Allium ursinum. M. Perris.

LÉPIDOPTÈRE.

Rœrslerstammia assectella. Zell. — La chenille de cette Tinéïde est courte, aplatie, plus large en avant qu'en arrière. Elle vit dans les tiges de l'oignon dont elle n'attaque que le parenchyme; elle se fixe dans des coques à claire voie, fixées le long de la principale côte des feuilles.

DIPTÈRES.

Eumerus œneus. Meig. — V. Orme. La larve vit dans les oignons dont elle atteint le centre.

Anthomyia platura. Meig. — La larve de cette Muscide vit dans les Echalottes. Les stigmates antérieurs sont épanouis en spatule et bordés de dentelures. Goureau.

G. ASPHODÈLE. Asphodelus. Linn.

Périanthe à sépales connes à leur base, etalés. Etamines hypogynes ; les trois intérieures un peu plus longues ; filets déclinés vers le bas. Ovaire recouvert par la partie dilatée des filets.

Peu de plantes ont eu autant de renommée que l'Asphodèle, chez les anciens. Il était consacré à la religion ; il était l'emblème de la puissance et, en même temps, de l'amour. De nombreuses vertus lui étaient attribuées en médecine ; enfin, il contribuait à l'alimentation des hommes. Aussi a t-il été célébré par les philosophes, les poètes, les naturalistes, les médecins, depuis Hésiode jusqu'au moyen-âge.

Sous le rapport religieux il était considéré comme servant de nourriture aux mânes. On le semait autour des sépultures. Porphyre rapporte qu'un tombeau portait cette inscription : « En dehors, je suis entouré de Mauves et d'Asphodèles, et au-dedans je ne renferme qu'un cadavre. » Suivant Lucien, les ombres des mortels, après avoir passé l'Acheron, traversaient une vaste plaine d'Asphodèles. C'était le mets le plus agréable aux mânes des hommes vertueux.

A cette attribution glorieuse, cette plante joignait celle exprimée par son nom (Asphodelus, sceptre), d'être le symbole de la royauté, et elle devait sans doute cet honneur à sa tige droite et ornée, qui lui vaut encore aujourd'hui le nom de Verge de Jacob. Suivant Théophraste, cette tige gracieuse, parée de fleurs brillantes, était l'emblème des amours.

Quant aux propriétés médicales de l'Asphodèle, elles s'étendaient, d'après le rapport de Pline, à la plupart des affections : c'était une autre panacée. Enfin, les tubercules de l'Asphodèle, pétris avec de l'orge mondé, formaient un pain agréable et savoureux.

De toute cette célébrité passée, de toutes ces vertus longtemps préconisées il ne reste que le souvenir. L'Asphodèle n'est plus utilisée qu'en Sicile où l'on en mange les jeunes tiges comme les Asperges dont elles ont à peu près la saveur.

Insectes observés sur les Asphodèles :

COLÉOPTERES.

Thylacites asphodeli. Ramb. — Ce Charençonite se développe dans l'Asphodèle.

Agapanthia asphodeli. Déj. — Ce Longicorne vit sur les Asphodèles.

LÉPIDOPTERES

Polia pumicosa. Hubn. — La chenille de cette Hadenide se nourrit de l'Asphodelus microcarpus; elle est rase, à tête assez grosse; elle s'enterre assez profondément pour se métamorphoser dans un cocon peu solide de terre.

Solenoptera meticulosa. Linn. — V. Ciste. La chenille vit sur l'Asphodelus microcarpus. Rumb.

Triphœna orbona. Fab. — V. Hêtre. Même observation. Ramb.

———— pronuba. Linn — Ibid.

Agrotis saucia. Hubn. — V. Bruyère. Ibid. Ramb.

Egira australis. B. — V. Chêne. Ibid. Ramb.

G. TUBÉREUSE. Polyanthes. Linn.

Périanthe infundibuliforme, à tube allongé, courbé et lobes étales. Etamines insérées à la gorge du périanthe; ovaire à loges multi-ovulées; stigmate épaissi.

Aucune plante ne révèle son origine indienne autant que la Tubéreuse. Dans la gracieuse souplesse de sa tige, dans l'élégance et la beauté de ses fleurs, dans la pureté de leur blancheur, et surtout dans l'exquise suavité de leur parfum, elle a quelque chose de voluptueux comme les Odalisques; mais les délices enivrantes dont elle nous fait jouir offrent des dangers; elles peuvent nous donner la mort.

Un seul insecte a été observé sur la Tubéreuse : c'est un Puceron.

Aphis polyanthis. Linn. *Tuberosœ*, Fons col., Kaltenb. — V Cornouiller.

G. PONTEDERIA. Pontederia. Linn.

Périanthe infundibuliforme, à tube courbé, hexagone, percé de quatre fentes longitudinales; limbe à six divisions. Etamines insérées à hauteurs inégales au tube du périanthe. Ovaire inadhérent. Feuilles généralement cordiformes.

Ce genre, ou plutôt la petite tribu qu'il représente, a singulièrement exercé la science des botanistes pour fixer sa place dans la classification naturelle. Ses caractères présentent une sorte de diffusion qui lui donne des rapports avec des plantes très-différentes les unes des autres. C'est ainsi qu'il a été rapproché successivement des Asphodèles, des Narcisses, des Iris, des Commelines, des Joncs, des Balisiers et même des Sagittaires; mais il se refuse obstinément à toute assimilation, et réduit les classificateurs à en faire un groupe voisin, mais distinct, des Asphodélées.

Ces plantes, toutes d'origine exotique, sont représentées en Europe par le *Pontederia cordata* des marais de l'Amérique septentrionale, que nous cultivons dans nos jardins et qui décore le bord des eaux de ses jolies fleurs bleues disposées en épi.

Un seul insecte a été observé sur cette plante. M. de Fons Colombe a trouvé sur ses tiges le Puceron, Aphis nympheæ. Fab.

CLASSE.

ORCHIDEES, Orchideæ. Juss.

Perianthe irrégulier, adhérent, supère; de six sepales dissemblables; les trois externes et les trois internes disjoints. Etamines épigynes. Anthères introrses Pollèn a granules cohérents. Ovaire uniloculaire. Stigmate formant une fossette visqueuse.

La célébrité des plantes de cette classe repose sur la conformation singulière et extrêmement diversifiée des fleurs et sur les propriétés des différentes parties de la végétation. Elle remonte à une haute antiquité, même sans reconnaître parmi elles, avec Virey, le mystérieux Doudaïm, convoité par Rachel, chanté par Salomon.

Les fleurs, dont la corolle présente généralement un casque, deux ailes laterales et une lèvre inférieure, se modifient tellement dans toutes leurs parties, que la classe ne contient pas moins de 300 genres, depuis les explorations de Swartz, Blumenbach, Lindley, Petit-Thouars, dans les forêts de l'Amérique tropicale et surtout au Chili. Quoique les Orchidées constituent une des classes les plus naturelles du règne végétal par la structure des fleurs, elles se divisent en deux sections très-distinctes sous le rapport de leur mode de végétation : celles de la première ont leurs racines dans la terre, et elles croissent dans les prairies, les bois, les montagnes; celles de la seconde sont parasites, leurs racines se fixent dans l'écorce des arbres, et leurs tiges, grimpant comme de flexibles lianes le long des troncs, s'étendent de branche en branche, forment d'élégantes guirlandes et répandent sur les forêts tropicales une beauté dont nous donnent une bien faible idée ces mêmes végétaux plantés dans les corbeilles suspendues en lustres au sommet de nos serres chaudes.

Les fleurs des Orchidées, dans l'extrême diversité de leurs modifications, sont souvent remarquables par la richesse ou la disposition de leurs couleurs, par la suavité de leurs parfums, par l'élégance ou la singularité de leur structure. La partie inférieure surtout nous confond d'étonnement en affectant les formes animales les plus inattendues, les plus fantastiques : l'insecte, l'oiseau, l'homme lui-même y trouvent leur caricature, bizarrerie qui a été poétiquement exprimée par Catel dans son poème des plantes :

> Dieux ! avec quel plaisir, dans tes sentiers fleuris,
> J'aperçois, ô Meudon, ce ravissant Ophrys,
> Insecte végétal de qui la fleur ailée,
> Semble quitter sa tige et prendre sa volée.

Ces simulacres d'animalité paraissent n'avoir pas été étrangers à la foi qu'avaient les anciens dans les propriétés aphrodisiaques des Orchidées. Encore aujourd'hui, dans tout l'Orient on croit, comme au temps des magiciennes de Thessalie dont parlent Théophraste et Dioscoride, que les bulbes diversement employés donnent la faculté de produire les sexes à volonté (1); comme si la Providence avait voulu laisser à l'homme la puissance de détruire la loi la plus nécessaire au maintien de son espèce.

Les Orchidées, dépouillées par la science moderne de ces vertus imaginaires, nous fournissent cependant des substances utiles et agréables. La fécule nourrissante et analeptique que leurs bulbes contiennent en abondance est la base du Salep, cette gélatine

---

(1) Le bulbe de l'année prochaine mangé par un homme produit des garçons celui en pleine végétation, mangé par une femme, produit des filles.

éminemment alimentaire que nous tirons à grands frais de la Perse et de la Turquie, quand nous en possédons tous les elements dans nos Orchis indigènes.

C'est aussi cette classe qui comprend la Vanille, cette espèce sarmenteuse dont la pulpe des siliques exhale un parfum si balsamique, si suave, si bienfaisant.

Insectes des Orchidees :

COLÉOPTERE.

Otiorhynchus ovatus. Fab. — V. Nerprun. Il perfore les graines de l'Ophrys nidus avis. Laboulb

DIPTERE.

Calliphora erythrocephala. Meig. — M. Zeller

M. Zeller a observé que ces mouches étaient attirées par l'Orchis cariophora, qui a l'odeur de la Punaise et dont elles sucent le miel. Il en a vu une qui portait une production semblable a un champignon. Cette production sortait de la cavité buccale C'etait une tige de pollèn surmontée d'un bouton qui s'y était attache; plusieurs autres de ces mouches offraient la même particularite, et elles portaient jusqu'à trois et quatre de ces tiges de pollèn.

CLASSE.

SCITAMINEES. Scitaminee. Bartl.

Périanthe irrégulier, adhérent, supère, soit simple, soit triple. Etamines, 1, 5 ou 6, insérées au pourtour du sommet de l'ovaire, ou au périanthe interne. Ovaire infère. Stigmate terminal.

Cette classe, dont le nom indique des plantes choisies, recommandables par leur beauté, leur grâce, leurs qualites, presente en effet à nos yeux et plus encore à nos souvenirs, à notre imagination, le végétal par excellence sous le rapport des aliments qu'il offre à l'homme sous les tropiques, le plus remarquable par la grandeur du feuillage, le plus célèbre par les traditions qui s'y rattachent : le Bananier, le Figuier d'Adam, l'Arbre du paradis terrestre, considéré par les uns comme l'arbre fatal de la science du bien et du mal, par les autres comme celui dont les feuilles ont caché la nudité de nos premiers parents. Il nous rappelle encore les descriptions charmantes du capitaine Cook, les scènes délicieuses de Paul et Virginie qui ont enchanté notre jeunesse. Une autre espèce prêtait son ombrage aux sages de l'Inde dans leurs promenades philosophiques. Son fruit éminemment nutritif est si abondant qu'aucun autre végétal ne donne à la terre un produit alimentaire qui puisse lui être comparé (1). La Banane fraîche a le goût de beurre frais légèrement sucré. On en fait aussi de la farine et du vin.

Parmi les Scitaminées se range aussi le Gingembre, ce vif stimulant qui aiguillonne l'appetit, ranime les sens, rend aimable, donne de l'esprit, mais dont l'usage excessif devient incendiaire, frappe d'atonie tous les organes et rend imbecilles les malheureux qui y ont cherché des jouissances.

A côté du Gingembre se place le Curcuma, cet autre excitant dont les Indiens font tant d'usage comme condiment, l'employant dans le Kari, leur célèbre assaisonnement ; et comme cosmétique à l'usage des dames, pour embellir la peau et donner de l'éclat au teint.

Enfin, les Scitaminées comprennent encore les Balisiers dont on ne vante pas les propriétés, mais qui plaisent par la beauté de leurs fleurs.

Nous rapportons à l'espèce connue sous le nom de *Canna indica* et cultivée dans nos jardins, un insecte Lépidoptère.

Nonagria cannæ. Tr. Guénée. — V. Sureau.

FIN DE LA PREMIÈRE PARTIE.

---

(1) D'après l'évaluation faite par M. de Humboldt, un terrain de cent mètres carrés, dans lequel on a planté 40 Bananiers, rapporte, dans un an, 4,000 livres en poids de substance nourrissante. Ce même espace de terrain, semé en blé, ne donnerait que 30 livres de grain, d'où M. de Humboldt conclut que le produit des Bananes est à celui du Froment (sous le rapport de la substance nutritive et du terrain cultivé) comme 155 est à 1 ; à celui des pommes de terre, comme 44 est à 1.

TABLE ALPHABÉTIQUE

DES PLANTES MENTIONNÉES DANS L'OUVRAGE.

	Pages		Pages
Agaric.	104	Callacées.	142
Ail.	220	Canamelle.	208
— oignon.	221	Caricées.	147
— ursinum.	224	CHAMPIGNONS.	95
— échalotte.	222	Cladonie.	95
Aira.	170	Colchicacées	214
ALGUES	86	Cretelle.	172
Alisma.	134	CRYPTOGAMES.	81
Alstrémerc.	209	Cyperacées.	144
Amaryllidées.	206	Cypérées.	144
Andropogonées	298	Dactyle.	176
Aroïdées.	138	— glomerula.	176
Arundinacées.	164	Elyme.	196
Asperge.	212	— arenarius.	196
Asphodèle.	222	ENSIFÈRES.	203
Avenacées.	178	EQUISÉTACÉES.	124
Avoine.	178	Festucacées	171
Blé.	185	Fétuque.	176
— rampant.	194	— natans.	177
Bolet.	106	— cespitosa.	177
Brize.	175	— phœnioïdes.	177
Brome.	178	— fluitans.	177
Butome.	137	Flouve.	161
Butomées	137	FOUGÈRES.	120
Byssoïdes.	89	Fucacées	90

Fuligo.	192	Nayadées.	130
GLUMACÉES.	143	Ophrys.	227
Glycérie.	175	Orphrys nidusmavis.	237
Gouet.	142	ORCHIDÉES.	225
Graminées.	149	Orge.	296
HÉLOBIÉES.	129	— marin.	297
HÉPATIQUES	119	Orizées.	153
Hordéacées.	179	Pancratium.	209
Houque.	164	— maritime.	209
Hydne.	113	Panic.	163
HYDROCHARIDÉES.	127	Panicées.	163
Hypodrys.	112	Paturin.	172
Imbricaire.	194	Phalaridées.	156
Iridées.	204	Phalaris.	160
Iris.	204	PHANEROGAMES.	127
— pseudoacorus.	205	Phléole.	159
Ivraie.	184	Phragmite.	164
— vivace.	185	Polypore.	108
Jonc.	200	— versicolore.	110
— supinus.	201	— fomentaire.	110
— conglomeratus.	202	— odorant.	110
JUNCINÉES.	200	— unicolore.	111
Laiche.	147	— ferrugineux.	111
Lemnacées.	129	— écailleux.	111
~~Liliacées~~ Liliacées	210	— amadouvier.	111
Lenticule.	129	— du mûrier.	111
Lichénacées.	92	— du bouleau	111
LILIACÉES.	210	— du hêtre.	111
Lis.	218	— du tilleul.	111
— bulbiferum.	219	— du peuplier.	111
Luzule.	192	— du cerisier.	112
— maxima.	193	— du pin.	112
Lycoperdon.	100	— du sapin	112
Maïs.	156	Polysticum.	123
Mélique.	179	Pontederia	224
MONOCOTYLÉDONES.	127	Potame.	133
MOUSSES.	114	— lucens.	134
Muguet.	211	— natans.	134
Narcisse.	207	— pectinatus	134

Potamogétonées	133	Sparganium simplex	141
Prêle.	124	Sphœrie.	100
Riz.	153	Stratiote.	128
Sagittaire.	135	Triglochin.	136
Sceau de Salomon.	212	— maritime.	136
Scirpe.	145	Truffe.	102
— maritime.	146	Tubereuse.	224
Scirpées	145	Tulipe.	213
SCITAMINÉES.	227	Typha.	130
Scolopendre.	124	Typhacées.	138
Seigle.	194	Ulvacées.	89
Smilacées	211	Veratre.	216
Sparganium.	130	Vulpin.	159
— nutans.	142	Zostère.	131
— ramosum	141	Zostérées.	131

Lille-Imp. L. Danel

www.ingramcontent.com/pod-product-compliance
Lightning Source LLC
Chambersburg PA
CBHW052247220526
45471CB00001B/232